僕の名前はマイクラキング。この本を読んでくれるみんなを、ガイドしていくよ。僕は、この本を書いたD-SCHOOLの水島滉大の分身だよ。

本書に関するお問い合わせ
https://www.kadokawa.co.jp/ （「お問い合わせ」へお進みください）
※内容によっては、お答えできない場合があります。
※サポートは日本国内のみとさせていただきます。
※Japanese text only

※本書は、D-SCHOOL運営の「マイクラッチコース」の一部をもとに、加筆・修正のうえ、書籍化したものになります。

※本書内に記載されている会社名、商品名、製品名などは一般に各社の登録商標です。本書中では®、™マークは明記しておりません。

※本書の内容は、2019年5月時点のものです。本書の出版にあたっては正確な記述に努めましたが、本書の内容に基づく運用結果について、著者および株式会社KADOKAWAは一切の責任を負いかねますのでご了承ください。

※本書の内容、本書に記載されたURLなどは、予告なく変更される場合があります。

※本書に掲載されているサンプルプログラム、および実行結果を記した画面イメージなどは、特定の設定に基づいた環境にて再現される一例です。システム環境、ハードウェア環境によっては、本書の通り動作および操作できない場合があります。環境によって画面イメージが異なる場合もありますので、ご承知おきください。

※本書はMinecraftの公式製品ではありません。Mojang社から承認されておらず、Mojang社およびNotch氏に一切の責任はありません。本書の内容は、著者が自ら調べ、考えて執筆したものです。

はじめに

　こんにちは！　ぼくの名前は水島滉大です。　すっかり大人になった今でも、いっぱいゲームをプレイしています。普段は色々なプログラムやコンテンツを作っていて、土日は教室で小学生から高校生にゲーム作りを教えています。

　ぼくがプログラミングに興味を持ったのは小学生のときでした。その時からゲームがだいすきで、お気に入りは「ゼルダの伝説」。ふくざつなしかけを解かないと先に進めないゲームで、なぞ解きが楽しかったのはもちろん、自分で紙にステージを書いてなぞ解きを作ったこともありました。将来の夢は「ゲームをつくってたくさんの人にプレイしてもらうこと」！

　それからしばらくして、「ウラワザ」を知りました。ある作業をするといきなりたくさんの英語が出てきて、その英語をちょっと変えると、ボスからこうげきを受けなくなったり、空をとべたり、とにかくすごいことがたくさんできる！　ぼくは夢中になって、インターネットでたくさん調べて、いろいろなことを試してみました（失敗して動かなくなっちゃうこともたくさんありました……）。これがぼくとプログラミングとの運命的な出会いでした。

　ゲームの中をのぞくと、そこではプログラムが動いていたのです！　プログラムはゲームの設計図で、英語みたいな言葉で「スタートボタンがおされたらメニューを開く」とか、そういうことがたくさん書いてあります。全部はわからないけど、ちょこちょことその言葉をかえるとゲームの動きも変わるので、自分だけのゲームが作れたような感覚がありました！　そして、当時のぼくは「もっと勉強して、いろいろなゲームを作りたい！」と思ったのでした。

　「みんなにもこんな体験をしてもらいたい！」と思って、この本を書きました。まずはプログラムをそのままうつしてちょっとずつかえていくことから、きみのプログラミングという大冒険が始まっていくのです！（ここで壮大な音楽が流れ出す・・・！）

保護者の方へ

　あなたのお子さんが大人になったときの社会が想像できますか？　1999年にタイムスリップしてみてください。そこから今の時代を見たら、まさに近未来的な世界が広がっているのではないでしょうか。スマートフォンをはじめ、キャッシュレス決済、自動運転技術、LINE やインスタグラムなどの SNS 投稿、楽天やアマゾンによる流通革命など、数十年前には考えられなかった世界が現在進行中です。

　この先の数十年、どのような社会になっていくのかを当てることは難しいですが、一つ言えることは、今以上にプログラミングの力が必要になっていくことです。すべてのモノがインターネットにつながる今の社会では、私たちにとって一番身近な学問はプログラミングと言ってもいいくらい、身の回りにプログラミング技術が使われています。

　そんな予測から、日本でもいよいよプログラミング教育が小学校で必修化されることになりました。目標は「プログラムを作れるようになること」ではなく、問題を解決する方法を順序立てて論理的に考える力＝「プログラミング的思考」を育むことと位置付けています。しかし、ただでさえ学ぶことが多い日本の学校現場ですから、そこまで多くのことは学べません。

　本書のねらいは、子どもたちにゲームを作ったり自分なりにカスタマイズしてもらったりすることを通じて、プログラミングの楽しさや可能性を感じてもらうことです。21 世紀の教養とも呼ばれるプログラミングの基礎を楽しく学び、その世界観を知るひとつのきっかけになってもらえればと思います。そして、お子さんだけが学ぶのではなく、保護者の方も一緒になって楽しんでください。プログラミングを通して親子の会話が弾みますように……。そんな思いも込めて執筆しました。楽しいプログラミングの世界を体験してください。

水島滉大

目　次

はじめに ……………………………………………………… 3
保護者の方へ ………………………………………………… 4
この本の特長と使い方 ……………………………………… 8
コラム　どんなパソコンを用意すればいい？ ………… 10

Chapter 1　マインクラフト・マイクラッチの使い方 …… 11
STEP1　読者登録をしよう ………………………………… 12
STEP2　マインクラフトの購入 …………………………… 13
STEP3　必要なソフトの導入 ……………………………… 15
STEP4　マインクラフトの設定 …………………………… 20
STEP5　マインクラフトの操作説明 ……………………… 21
STEP6　マイクラッチの画面説明 ………………………… 22
コラム　マインクラフトは目標を自分で作るゲーム …… 23
コラム　マインクラフトの便利なコマンド① …………… 24

Chapter 2　ブロックを置く命令を作ろう！ …………… 25
STEP1　プログラムを作ってみよう ……………………… 26
STEP2　ブロックを置いてみよう ………………………… 27
STEP3　ブロックを置く場所を変えよう ………………… 28
STEP4　x座標を変えてみよう …………………………… 29
STEP5　y座標を変えてみよう …………………………… 30
STEP6　z座標を変えてみよう …………………………… 31
【練習問題1】　立体パズルにチャレンジ！ …………… 32
STEP7　噴水をプログラミングしよう …………………… 33
STEP8　噴水に動きをつけよう …………………………… 35
【練習問題2】　火山をプログラミングしよう ………… 37
Chapter2のまとめ ………………………………………… 38
練習問題1　「立体パズルにチャレンジ！」の答え …… 39
練習問題2　「火山をプログラミングしよう」の答え … 40
コラム　マインクラフトの便利なコマンド② …………… 40

Chapter 3　アスレチックゲームを作ろう！ …………… 41
STEP1　アスレチックゲームを作ろう！ ………………… 42
STEP2　スタートとゴールを作ろう ……………………… 43
STEP3　足場を出してみよう ……………………………… 45
STEP4　足場を消してみよう ……………………………… 46
STEP5　ゴールの判定をしよう …………………………… 47

5

【カスタマイズ例1】 つるつるアイスアスレチック	50
【カスタマイズ例2】 ジグザグ足場のアスレチック	51
Chapter3 のまとめ	52

Chapter 4 ダイヤモンドランを作ろう! 55

STEP1 ゲームしょうかい「ダイヤモンドラン」	56
STEP2 プログラムを繰り返し実行する	57
STEP3 変数を使ってみよう	58
STEP4 道を作ってみよう	60
STEP5 ゲームクリアを実装しよう	61
STEP6 タイマーをつけよう	64
【練習問題1】 コースの長さを変更しよう	65
STEP7 カウントダウンをつけよう	66
【カスタマイズ例1】 穴だらけのコースにしてみよう	67
【カスタマイズ例2】 市松模様のコースにしてみよう	68
【カスタマイズ例3】 チェックポイントを作ろう	69
Chapter4 のまとめ	71
練習問題1 「コースの長さを変更しよう」の答え	72
コラム プログラミングがうまくいかないときは?	73
コラム 学校の授業でマインクラフト!?	74

Chapter 5 ドキドキサバイバルを作ろう! 75

STEP1 ゲームしょうかい「ドキドキサバイバル」	76
STEP2 乱数ってなんだろう	77
STEP3 乱数を使ったプログラム	79
STEP4 おみくじを作ろう	81
【練習問題1】 条件通りに作ってみよう	83
コラム 役に立つプログラムを作ってみよう	84
STEP5 ランダムな場所にブロックを置いてみよう	85
STEP6 ドキドキサバイバルを完成させよう	87
【カスタマイズ例1】 クリア判定をしよう	90
【カスタマイズ例2】 足場の数を増やそう	91
【カスタマイズ例3】 足場をランダムにしよう	92
Chapter5 のまとめ	93
練習問題1 「条件通りに作ってみよう」の答え	94
コラム 家具をプログラミングする	96

本文デザイン：ムシカゴグラフィクス　イラスト：moni　編集協力：キャデック

Chapter 6　クラウドファイティングを作ろう！　97

STEP1　ゲームしょうかい「クラウドファイティング」　98
STEP2　床を作るプログラム　99
STEP3　階段を作るプログラム　102
STEP4　関数にまとめよう　104
STEP5　床を消す関数を作ろう　106
STEP6　ゲームを完成させよう　108
【練習問題1】　関数「階段を消す」を作ろう　110
【練習問題2】　ステージに上がったらゲームがスタートするようにしよう　111
【カスタマイズ例1】　足場が必ず消えるようにしよう　112
【カスタマイズ例2】　足場を一列消す関数を作ろう　114
【カスタマイズ例3】　レベルを実装しよう　117
Chapter6 のまとめ　119
練習問題1　「関数『階段を消す』を作ろう」の答え　120
練習問題2　「ステージに上がったらゲームがスタートするようにしよう」の答え　121
コラム　IT の知識は必ず役に立つ　122

Chapter 7　TNT パニックを作ろう！　123

STEP1　ゲームしょうかい「TNT パニック」　124
STEP2　床と天井を作るプログラム　125
STEP3　壁を作るプログラム　126
STEP4　TNT を降らせるプログラム　129
STEP5　脱出のギミックを作ろう　131
STEP6　ゲームを完成させよう　134
【カスタマイズ例1】　ギミックを増やそう　136
【カスタマイズ例2】　時間切れを作ろう　138
Chapter7 のまとめ　140
コラム　ゲームをもっと面白くするには　142

Chapter 8　ダイヤモンドマイニングを作ろう！　143

STEP1　ゲームしょうかい「ダイヤモンドマイニング」　144
STEP2　鉱石を生成する関数を作ろう　145
STEP3　ゲームを完成させよう　147
【カスタマイズ例1】　スコアをつけよう　150
【カスタマイズ例2】　TNT サバイバルを作ろう　152
Chapter8 のまとめ　154

さらにチャレンジしてみよう！　156

おわりに　158

7

この本の特長と使い方

カスタマイズのページ

完成したゲームをさらに楽しくするアイデアがたくさん！まねをしてもいいし、自分でアレンジしてもいいよ。

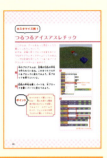

まとめのページ

チャプターで作ったゲームのプログラムをおさらいするよ。大事なことを繰り返しているからしっかり確認しよう。

ステップごとに説明

1つのチャプターはいくつかのステップに分かれているよ。全てのステップをクリアするとゲームが完成するよ。

STEP 1 | ゲームしょうかい「ダイヤモンドラン」

動画で確認

Chapter4 ではダイヤモンドランというゲームを作っていくよ！ まずはイメージビデオを見てみよう。ブロックを横にたくさん置いているけれど、ひとつずつブロックを置いていくのは大変だね。なにか別の方法があるのかな。

動画で確認

ゲーム全体の作り方を確認したいときや、分かりにくい工程などを専用のウェブページ内の動画で確認できるよ。

個性豊かなキャラクターたち

楽しいキャラクターたちが案内してくれるよ。ヒントやアドバイスをくれることもあるから一緒に考えてみよう。

どんなプログラムを作るのかイメージをふくらませよう！

56

マインクラフトでゲームをプログラムすることはとても楽しいよ！
この本を使ってプログラミングをマスターしよう。

コラムの
ページ

プログラミングやパソコンにまつわるお話をするよ。ためになる話題がたくさんで、大人の人も一緒に読めるよ。

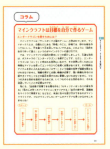

練習問題の
ページ

チャプターで習ったプログラムから出題されるよ。いろいろ自分で試しながらチャレンジしてみよう。

プログラムの手順をていねいに解説

ステップ内のプログラムをひとつひとつ説明するよ。文章と画像の番号は対応しているよ。

分かりやすいポイント楽しいトライ

ページの途中で、大切なことを教えてくれる「ポイント」や、さらに工夫ができる「トライ」が出てくるよ。

9

コラム

どんなパソコンを用意すればいい？

　本書でプログラミング学習を楽しむためには、Windows または MacOS が搭載されたパソコンが必要です。どの程度の性能のパソコンが必要なのか、パソコンの性能を表す言葉の意味も含めてかんたんに紹介します。

OS（オペレーティングシステム）

　OS とは、コンピュータを動かすためのソフトのことです。Windows や MacOS、Unix、iOS、Android などがあります。本書は Windows7 以降、MacOS X 10.9 以降の OS に対応しています。

CPU（シーピーユー；中央演算処理装置）

　CPU は、パソコンのすべての命令を制御するパーツで、Intel Core i3 や Celeron などの種類があります。CPU はよく「人間の脳」に例えられていて、脳の数である「コア」の数（4 コアなど）と、脳の処理速度である「クロック周波数」（2.5 ギガヘルツ）で性能が決まります。最近発売されているパソコンであれば基本的にどの CPU でも本書の内容を楽しむことができます。

RAM（ラム；ランダムアクセスメモリ）

　RAM とは、データを一時的に記憶しておくパーツのことで、単にメモリと呼ばれることもあります。プログラムを動かす時に使うので、多ければ多いほど同時に難しい処理ができます。2GB、4GB などと書かれていますが、本書は 4GB 以上の RAM が搭載されたパソコンを使ってください。

この他にも細かいパーツの仕様がたくさんありますが、
まずは紹介した3つのパーツをチェックしてみてください。

Chapter 1
マインクラフト・マイクラッチの使い方

動画もチェック!!

プログラミングをする前に、
マインクラフトの準備をしていこう！
パソコンを持っている
大人の人と進めてみてね！

専用の画面で操作していくよ。
手順が少しややこしく感じるかもしれないけれど、
ひとつひとつ操作すれば大丈夫だよ。

STEP 1 | 読者登録をしよう

📖 学習ページにアクセスしよう

まずは学習をはじめるために読者登録をしよう。ここからの作業は保護者の方と一緒に進めてね。

1 パソコンでGoogle Chromeのブラウザを起動しよう。パソコンにGoogle Chromeが入っていない人はインストールしよう。

2 GoogleChromeのアドレスバーに、学習ページのアドレス「pb.d-school.co」を入力して、Enterキーを押そう。

3 ログイン画面が出てくるので、下部の「新規登録はこちら」をクリックしよう。すべての項目を入力すると、読者登録が完了するよ。

4 ログイン画面で、登録したメールアドレスとパスワードを入力して、専用サイトにアクセスしてね。

5 左側メニューの「マイクラッチ環境設定」を開けば環境設定の準備は完了だよ。これから行う環境設定の手順を動画で確認することもできるよ。

STEP 2 | マインクラフトの購入

マイクラをパソコンに入れよう

専用サイトから環境設定動画のページを開こう。ブラウザのサイズが小さいと右側のナビが表示されないので、Google Chrome は最大化しておこう！　まずはマインクラフト PC 版の購入を行うよ。ここからの手順は動画を見ながら進めてみよう！　PC 版を既に購入している人はこの設定は不要だよ。

1. 動画右側の「LINK マインクラフト PC 版」をクリックして、マインクラフトの公式サイトにアクセスしよう。

2. 「MINECRAFT を購入」をクリックしたら、ログインという画面が表示されるので、「サインイン方法 Microsoft」のボタンをクリックしよう。

3. Microsoft のアカウントを持っている人はサインインしよう。持っていない人は「作成」をクリックして、新しく Microsoft アカウントを作ろう。

4 「支払方法を選択」という画面まできたら、「次へ」を押して、支払方法を選んで、マインクラフトPC版を購入しよう。購入にかかる金額は3,960円だよ（2022年10月現在）。

5 購入が完了すると、マインクラフトのダウンロードボタンが表示されますが、ひとまず次の手順に進みましょう。

STEP 3 | 必要なソフトの導入

■ 必要なソフトをインストールする

次は、マイクラッチに必要な4つのソフトをパソコンにインストールしていくよ。この手順はWindowsとMacOSで違いがあるので、それぞれ説明していくよ。

■ Windows版の手順

1. 動画右側の「DLアシスタント」をクリックして、「micratch_setup.exe」をダウンロードするよ。

2. ダウンロードしたファイルを実行すると、実行するか確認する画面が出るので、確認して進めると「マイクラッチセットアップアシスタント」が立ち上がるよ。

3. アシスタントの指示に従って「次へ」をクリックしていこう。

4 それぞれのソフトの利用規約に同意することで、Java SE、マインクラフトランチャー、Minecraft Forge、RaspberryJamMod の 4 つのソフトがインストールされるよ。

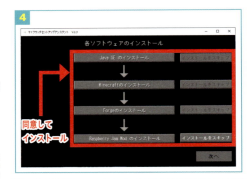

5 インストール完了という画面まで進んだら、「終了」を押してアシスタントを終了しよう。これで必要なソフトの導入は終わりだよ。

セットアップ方法は、動画で詳しく解説しているよ！ もしアシスタントの実行がうまくいかなかったり、エラーが出てしまった場合は、時間を置いて何度か試してみよう。

MacOS 版の手順

1. 動画右側の上の「Mac版」をクリックした後、「LINK マインクラフト PC 版」をクリックして、再びマインクラフトの公式サイトを訪れよう。

2. マインクラフトを購入したMicrosoft アカウントでログインすると、「ダウンロード」のボタンが表示されるのでクリックしよう。または minecraft.net/ja-jp/download にアクセスすることでもダウンロードボタンが表示されるよ。

3. マインクラフトのインストーラーが立ち上がるので、マインクラフトのアイコンをアプリケーションにドラッグ＆ドロップしよう。

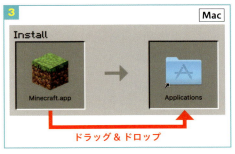

4. アプリケーションに「Minecraft Launcher」が追加されるので開いてみよう。ログインボタンが表示されるので「MICROSOFT アカウントでログイン」をクリックして、マインクラフトを購入したMicrosoft アカウントでログインしよう。ログインしたら、一度ランチャーは閉じておこう。

5 次にJavaをインストールするよ。動画の画面に戻って、右側の「LINK Java Development Kit」をクリックしよう。

6 Javaのウェブサイトが開くので、「Javaのダウンロード」を押して、ダウンロードされたファイルを実行しよう。「次へ」「OK」などを押していくと、Javaのインストールが数分程度で完了するよ。

7 次はMinecraftForgeをインストールするよ。再び動画の画面に戻って、右側の「DL Modファイル」をクリックしよう。

8 「micratch_setup.zip」というファイルがダウンロードされるので、中に入っているforge-1.12.2….jarを右クリックして、「開く」をクリックしよう。

9 MinecraftForgeのインストーラーが表示されるので、そのままOKをクリックしよう。「Successfully installed…」というメッセージが出ていたらインストールは完了だ。OKを押してね。

10 最後にRaspberryJamModというMOD（追加要素）を導入するよ。先ほど開いた「micratch_setup」の中に「mods」というフォルダがあることを確認しよう。この中に「RaspberryJamMod.jar」というファイルが入っているけど、まだそのままにしておこう。

11 デスクトップをクリックした後、左上のメニューにある「移動」をクリックして、キーボードの「Option キー」を長押しするよ。その間だけ「ライブラリ」という項目が表示されるのでクリックしよう。

12 たくさんフォルダが出てくるので、その中から「ApplicationSupport」をクリックして開き、さらに「minecraft」フォルダを見つけよう。

13 「minecraft」フォルダの中に、手順10で確認した「mods」フォルダを入れよう。「mods」フォルダを「minecraft」フォルダまでドラッグ＆ドロップすればOK。

14 図のように「RaspberryJamMod.jar」というファイルが「ライブラリ/Application Support/minecraft/mods/」に入っていることを確認しよう。これで必要なソフトの導入は終わりだよ。

STEP 4 | マインクラフトの設定

ランチャーの設定を変更する

1. セットアップが終わったので、もう一度ランチャーを起動しよう。ログインするとこのような画面になるので、「起動構成」をクリックしよう。

2. 「Forge」と書いてある項目が追加されているので、右側の「…」を押して「編集」をクリックしよう。

3. 名前を「マイクラッチ」のような名前にして分かりやすくしておこう。変更できたら右下の保存をクリックしよう。

4. ランチャーのトップページに戻って、緑色の「プレイ」ボタンの左側をクリックして「マイクラッチ」を選んでから「プレイ」ボタンを押そう。

5. しばらく待つとマインクラフトのタイトル画面が起動するので、左下に「5 mods loaded, 5 mods active」と表示されているか確認します。表示されていない場合は、もう一度ここまでの手順をやり直してみてね。

STEP 5 | マインクラフトの操作説明

■ マイクラを動かしてみよう

ここまでの手順が終わったら、次はマインクラフトの操作をしてみよう。

1. タイトル画面で「シングルプレイ」をクリックした後、「ワールド新規作成」をクリックしよう。ワールド名を好きな名前に設定し、ゲームモードをクリックしてクリエイティブにして、「その他のワールド設定」をクリックしよう。

2. その他のワールド設定では、構造物の生成をオフ、ワールドタイプをスーパーフラットにして、「ワールド新規作成」をクリックしよう。

3. 少し待つと、マイクラの世界へ行けるよ。キーボードを使って移動してみよう。

4. マインクラフトの画面から抜けるには、Tをおしてチャットモードにするか、ESCキーをおそう。

③クリックする
②モードを「クリエイティブ」にする
①ワールド名をつける

②「スーパーフラット」にする
③クリックする
①「オフ」にする

1 マインクラフト・マイクラッチの使い方

キャンセル、メニュー表示
視点を変える
前後左右に移動
チャットを打つ
ジャンプする（2回連打で空に浮かぶ）
攻撃、ものを壊す
ブロックを置く、スイッチを押す

21

STEP 6 | マイクラッチの画面説明

マイクラッチを動かしてみよう

最後に、プログラミングをしていくページである「マイクラッチ」の画面を説明するよ。

1. 専用サイトにログインした後、「マイクラッチ（プログラミング制作ページ）はこちら」のボタンをクリックしよう。

2. マイクラッチというページが開いたかな。ここがプログラムを作っていくページだよ。

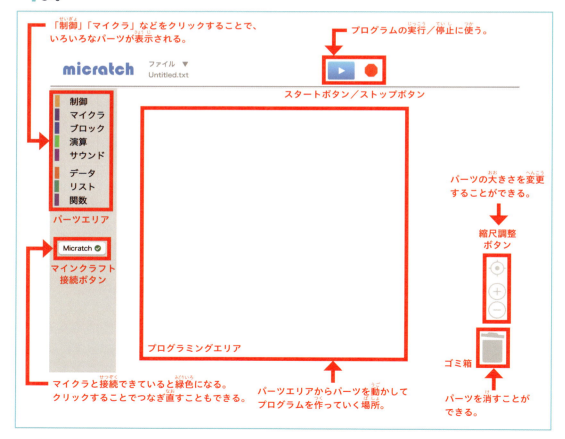

> コラム

マインクラフトは目標を自分で作るゲーム

エンダードラゴンを倒すためには？

マインクラフトは「サンドボックス型のゲーム」と呼ばれています。サンドボックスとは、公園などにある「砂場」のこと。砂場では、砂のお城を作ってもいいし、穴を掘って水を流してもいいですよね。このように「目的を自分で作って遊ぶ」というのがマインクラフトの遊び方です。

では、マインクラフトの目的の例をいくつか紹介しましょう。王道な目的は、ボスキャラの「エンダードラゴン」を倒すことです。ただし、エンダードラゴンは「エンド」と呼ばれる世界にいるので、その世界に行くためには特殊なアイテムを使ってエンドの入り口を開く必要があります。その特殊なアイテムを手に入れるためには、「ネザー」という地獄の世界で強敵を倒さなければなりません。強敵を倒すには強い装備が必要で、強い装備を作るには鉄やダイヤモンドなどの鉱石を探すために冒険しなければなりません。ひとつの大きな目的を達成するためには、いくつもの小さな目的を作り、それを達成していくことが必要なのです。

他にも、「全自動で収穫できる畑を作る」「セキュリティばっちりの家を作る」「他の人が作ったアトラクションをクリアする」「自分の家や街、遊園地をマイクラで再現する」などなど、本当に色々な遊び方ができるのがマインクラフトです。プログラミングしたいゲームのアイデアも見つかるかもしれませんね！

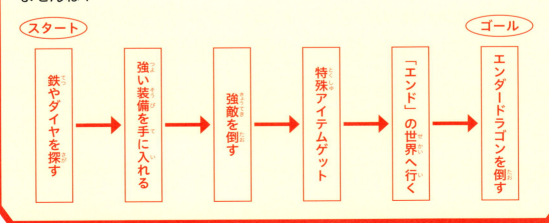

スタート：鉄やダイヤを探す → 強い装備を手に入れる → 強敵を倒す → 特殊アイテムゲット → 「エンド」の世界へ行く → エンダードラゴンを倒す：ゴール

コラム

マインクラフトの便利なコマンド①

ゲームルールの設定

　ゲームルールの設定は、チャットからコマンドを入力していきます。マインクラフトの世界は時間が経つと、夜になったり雨が降ってきたりします。プログラミングを行う上でジャマになることもあるので、次のコマンドを一通り実行しておくのがおすすめです。

　長いコマンドは、途中までタイピングしたあと、Tab キーを押すことで続きを自動で入力してくれます。

・時間を止めるコマンド

/gamerule doDaylightCycle false

・時刻を朝に変えるコマンド

/time set 1000

・天候の変化を止めるコマンド

/gamerule doWeatherCycle false

・天候を晴れにするコマンド

/weather clear

・動物やモンスターを出さなくするコマンド

/gamerule doMobSpawning false

・自分以外の動物やアイテムをすべて消すコマンド

/kill @e[type＝!player]

ポイント　時刻を朝に変えるコマンドの最後の 1000 の部分は、0 から 24000 の数字によって時刻を設定できるよ。0 が早朝、6000 が正午、18000 だと真夜中になります。

Chapter 2
ブロックを置く命令を作ろう！

動画もチェック!!

ここでは、
実際にプログラミングをしてみながら、
「ブロックを置く」ということを
学ぶよ。
うまくできるかな……

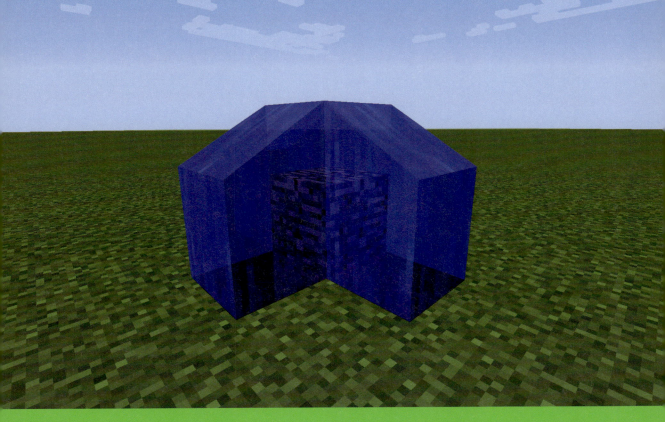

噴水のように水が流れているよ。
地面に穴を掘ったり、中央にブロックを置くにはどうすればいいのかな？

STEP 1 | プログラムを作ってみよう

🟩 チャットをしてみよう

まずは、マインクラフトにチャットを表示するプログラムを作ってみるよ。

1. パーツスペースの【制御】をクリックし、【スタートがおされたとき】というパーツをプログラミングスペースまで移動させるよ。

2. 【マイクラ】をクリックして、【チャットする】というパーツもプログラミングスペースに持っていこう。

3. 二つのパーツのでっぱっている部分とへこんでいる部分を近づけてパーツ同士をくっつけられるよ。

4. マインクラフトと接続できていることを確認して、スタートボタンをおしてみよう。マインクラフトに「ハローワールド」というチャットが出たらOK！

ポイント　パーツスペースからプログラミングスペースにパーツをドラッグ＆ドロップして、【スタートがおされたとき】にカチッとつなげるのは、このあとも同じだよ。この流れを覚えておこう。

STEP 2 | ブロックを置いてみよう

ブロックを置くプログラム

つぎに、マイクラにブロックを置くプログラムを作ってみよう。

1. パーツスペースの【マイクラ】をクリックし、【ブロックを置く】というパーツをチャットのパーツの下につなげよう。

↑下につける

2. 実行すると、マイクラの世界のどこかに石ブロックが設置されるよ。マイクラの画面に戻って探してみよう。

石ブロックがあらわれる

3. 周りに石ブロックがない場合には、【マイクラ】から【テレポート】のパーツを持ってきて、プログラムの一番下につなげよう。石ブロックが見つかったかな？

↑下につける

【石】の右側にある小さな三角形をおすと、他のブロックを選ぶことができるよ。パーツスペースの【ブロック】にはもっとたくさんの種類のブロックがあるから使ってみよう！

ブロックを変えても、置かれるのは同じ場所だね。違う場所に置けないのかな？

2 ブロックを置く命令を作ろう！

STEP 3 | ブロックを置く場所を変えよう

■ x、y、zの数字を変えてみる

ブロックを置くパーツの右側に、0という数字が3つあるけれど、これはなんだろう？　少し実験をしてみよう。

1 新しく【マイクラ】から【ブロックを置く】パーツを持ってきて、さらにプログラムの下につなげるよ。

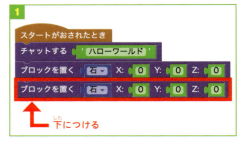

2 【ブロック】から【ダイヤブロック】を持ってきて、ダイヤブロックを置く命令に変えてみよう。外れた【石】はパーツスペースへドラッグして消しておこう。

3 ダイヤブロックを置く命令の、3つの数字を好きな数字に変えてみよう。数字を大きくしすぎると見つからないことがあるので注意！

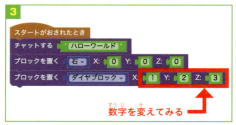

4 これでプログラムを実行してみると、さっきとはちがう場所にダイヤブロックが置かれたかな？

この数字を変えると、ブロックの置かれる場所が変わるんだね。

STEP 4 | x座標を変えてみよう

■ x を変えるとブロックはどこへ？

3つの数字を変えると、ブロックの置かれる場所が変わったね。この3つの数字のことを座標と呼ぶよ。数字の前に付いているアルファベットを使って、特にそれぞれを x 座標、y 座標、z 座標と呼ぶんだ。
まずは x 座標の実験をしてみよう。

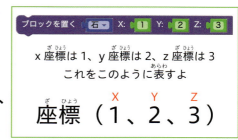

1. 【スタートがおされたとき】にブロックを置くパーツをふたつつなげよう。1つ目は、石を座標（0、0、0）に置くパーツのままにしよう。2つ目は、ダイヤブロックを置くパーツに変えて、x 座標を1にして実行してみよう。

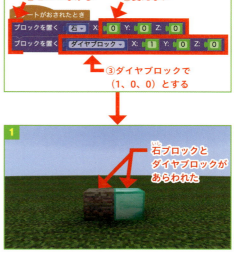

2. ブロックを置くパーツを増やして、x 座標は2にしておこう。どこにブロックが置かれるか予想し、実行してみよう！予想は当たったかな？

3. さらにブロックを置くパーツを増やして、x 座標を3、4、5と増やしてみよう。実行する前に置かれる場所の予想もしよう。

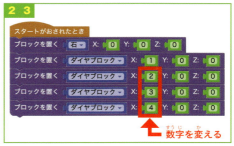

ブロックの置かれる場所がどんどんとなりに移動していくね！

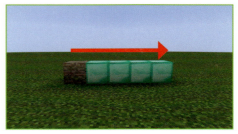

STEP 5 | y座標を変えてみよう

■ yを変えるとブロックはどこへ？

次に、真ん中の数字 y 座標を変えていこう。どんな変化が起こるかな？ ブロックを増やす前に【マイクラ】から【周囲をリセット】を持ってきて、プログラムの一番上につけておこう。こうすることで、前回の結果を消してからブロックを置けるよ。

1. ブロックを置くパーツをつなげて、今度は y 座標を 1 にしてみよう。置いた場所が分かりやすいように、置くブロックは石やダイヤブロック以外のブロックにしてみよう。

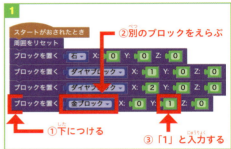

2. 実行すると、少し高いところにブロックが置かれたね！

3. もっと実験してみよう。さらに同じパーツをつなげて、y 座標を 2 にしてみよう。

4. y 座標を 3、4、5 と増やしていこう。もうどこに置かれるかは想像がつくかな？

y 座標は大きな数字にすればするほど、高いところにブロックが置かれるんだね。

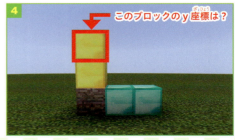

STEP 6 | z座標を変えてみよう

■ z を変えるとブロックはどこへ？

最後に z 座標を変えてみよう。
どのように変わるか想像できるかな？

1 ブロックを置くパーツをつなげて、z 座標を 1 にしてみよう。置くブロックはまだ使っていない種類のブロックにしよう。

2 実行すると、今度はどこに置かれたかな？　はじめに置いた石ブロックのとなりだけど、x とはちがう方向に置かれたね。

3 z を 2、3、4 と増やすと、さらにとなりに置かれていくね。

> **ポイント**
> マイクラは 3D のゲームだから、x、y、z は見る角度によって変わるよ。ダイヤブロックのように x 座標の値を増やしていくと、東側にブロックが置かれるんだ。金ブロックのように y を増やすと上側に、鉄ブロックのように z を増やすと南側にブロックが置かれるよ。太陽の向きを朝で止めておくと x 方向がすぐにわかるんだ。太陽を朝で止める方法は、24 ページにあるよ。

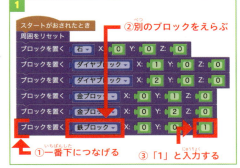

1
②別のブロックをえらぶ
①一番下につなげる　③「1」と入力する

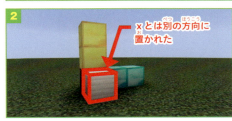

2
x とは別の方向に置かれた

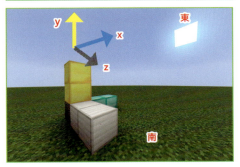

3
「2」と入力し実行すると……？

東／南

2 ブロックを置く命令を作ろう！

練習問題 1　立体パズルにチャレンジ！

x、y、z の関係が分かったところで、図の通りにブロックを置く練習をしてみよう。

1 まずはこんな形を作ってみよう！　空白の部分に入る座標はなにかな。

← ここに入る数字は？

2 次にこんな形を作ってみよう。x、y、z を使いこなせるかな？

← ここに入る数字は？

3 さらにこんな形も作ってみよう。図の通りにブロックを置くことはできるかな。

← ここに入る数字は？

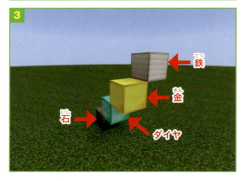

答えは 39 ページだよ！

STEP 7 | 噴水をプログラミングしよう

「空気」と「水」を置く

続いて、このような噴水をプログラミングしてみよう！ 地面に穴が空いているけれど、どうプログラミングすればいいのかな？

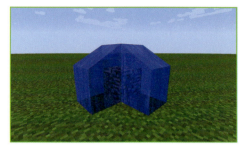

1. 地面に空いている穴というのはつまり、なにもないマスのことだね。マイクラでは何もないマスには【空気】というブロックが置かれていると考えるんだ。

2. ブロックを置く命令を準備したあと、【ブロック】から【空気】を見つけて、空気を置くプログラムを作ろう。このまま実行しても、何も起きないね。

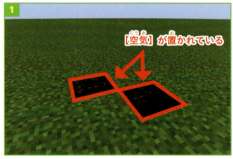

3. ここで、地面にある草ブロックの座標を考えてみよう。yを0にしていたときは草ブロックの1つ上にブロックが置かれたよね。だから、草ブロックのy座標は、0より1つ下の高さということになるね。

2 ブロックを置く命令を作ろう！

0より1つ小さい数字って知ってる？ 寒い日の気温で見かけることがあるアレだよ！

プログラミングを確かめるときは、パーツスペースの【マイクラ】の【周囲をリセット】ボタンを使うと便利だよ！

4 ┃ 0より1小さい数字は -1（マイナス1）という数字だよ。y座標に -1 と入力してみよう。マイナスはキーボードの右上の0の右側のキーをおすと打てるよ。

5 ┃ このプログラムを実行すると、地面に穴が空いたかな？ これは草ブロックが空気ブロックに変わったということだね！この -1、-2、…、という数字は、y 座標だけでなく x 座標や z 座標にも使うことができるよ。

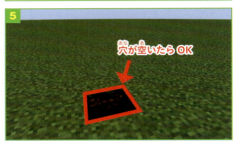

6 ┃ さらに空気ブロックを置くパーツを増やして図のように4箇所に穴を作ろう！

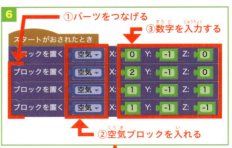

7 ┃ あとは真ん中から水を出せば噴水ができそうだね。プログラムを完成させて噴水を作ろう！

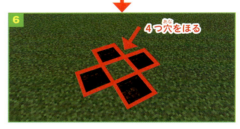

 この図だと、水をおいているのは y 座標が0の部分だよ。y 座標0に石などのブロックを置いて、y 座標1に水を置くとより噴水らしくなるよ。

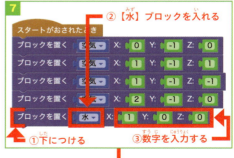

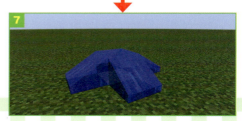

噴水ができた！ でも、もうちょっと動きが欲しいな…。

STEP 8 | 噴水に動きをつけよう

水をコントロールする

実は、ここまでのことはプログラミングを使わなくてもできるものだったよ。ここからはプログラミングならではのものを作ろう！
この噴水は、ずっと水が出続けているので、水が出たり止まったりするようにプログラミングしてみよう。

1 水が出たり止まったりするためにはどうすればいいかな？　水を止めるには、水がある場所に空気を置けばいいね！

2 プログラムを繰り返し実行するには、繰り返したいパーツを【制御】にある【ずっと】の中に入れよう。

3 さらに【制御】から【1秒待つ】を持ってきて、水と空気が1秒ごとに交互に置かれるようにしてみよう。水がふき出たり止まったりするようになったかな？

2 ブロックを置く命令を作ろう！

1　②【空気】ブロックを入れる　①下につける

2　【ずっと】パーツの中に下2つのパーツを入れこむ

3　【1秒待つ】パーツを交互に入れる

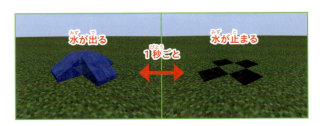

水が出る　1秒ごと　水が止まる

4　【ずっと】を使うと、プログラムが止まらなくなってしまうんだ。このようなときには、スタートボタンの右側のストップボタンをおすことで、プログラムを止められるんだ。

5　このままだと、水が出たり止まったりするのが早いので、【1秒待つ】の1の部分を変更して、水の出るタイミングを自分の好みに変えてみよう。

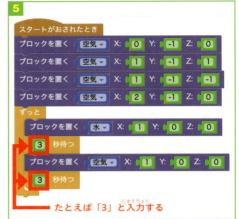

たとえば「3」と入力する

6　水に高さを出すため、真ん中に岩盤を置こう。水のブロックを置く位置も調整するよ。噴水の周りがなにもなくてさびしいので、さらに噴水をかざりつけてみよう。

①岩盤ブロックを置く
②Y座標をかえる
③パーツを間にはさむ
④【ポピー】、【タンポポ】ブロックを置く
⑤数字を入れる

ポイント　自分なりにカスタマイズするときは、パーツをひとつ増やすたびに実行してブロックが思い通りの場所に置かれるかどうか確かめるようにしてみよう！

練習問題2　火山をプログラミングしよう

何秒かおきに溶岩が流れ出してくる火山を
プログラミングしてみよう。

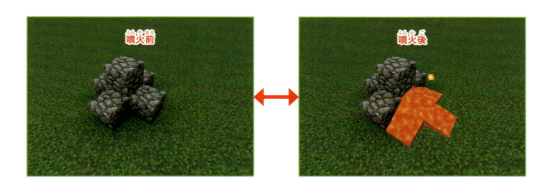

ポイント
溶岩を置いて、その周りを丸石で囲もう。周りの丸石のうちどれかひとつを空気ブロックに変えることで、そこから溶岩が流れてくるようにできるね。

TRY!
ブロックを置いたり消したりするプログラムを使って、きれいなイルミネーションを作ってみよう。
自分で家を作って、プログラムでグロウストーンやシーランタンなどの明るいブロックを置いたり消したりするとできそうだね。

2 ブロックを置く命令を作ろう！

答えは40ページだ！

溶岩の流れるスピードは水よりも遅いから、待つ時間も工夫してみよう！

Chapter2 のまとめ

▼噴水のプログラム

Chapter 2 では「待つ」というパーツをうまく使うことでいろいろなプログラムを作ったね。なにかブロックを置いたあと、しばらく待ってから同じ座標に空気ブロックを置くことで、ブロックを消すことができたね。

さらに、ブロックを置いて消す部分を【ずっと】でかこむことで、同じ動作を何度もくりかえしてくれることもわかったね。

次の chapter では、さらにこの「くりかえす」の部分をくわしく学んでいこう！

空気を置くという考え方は大事だね！

【ずっと】と【1秒待つ】で動きがコントロールできたよ！

練習問題1「立体パズルにチャレンジ！」の答え

それぞれの図形はこの通りのプログラムを作成することで完成するよ。まちがえても何度もトライすることが大切だね！

1のプログラム

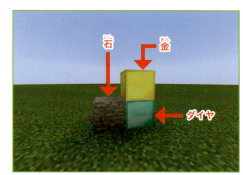

2のプログラム

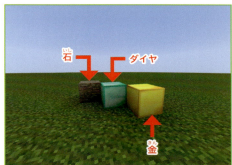

3のプログラム

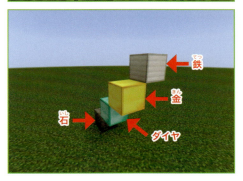

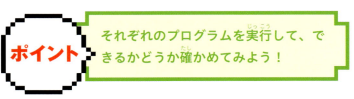

ポイント：それぞれのプログラムを実行して、できるかどうか確かめてみよう！

練習問題2「火山をプログラミングしよう」の答え

火山を作るプログラムの例だよ。溶岩が流れたり止まったりするには、丸石と空気ブロックを置くパーツを【ずっと】の中に入れて、交互に【1秒待つ】をはさめばいいね！
待つ秒数は、1秒だと早すぎるので調整してみよう。

コラム

マインクラフトの便利なコマンド②

新しい場所でプログラミングする

　たくさんブロックを置いたり、TNTを激しく爆発させたりすると、「周囲をリセット」を使っても周りが元に戻らないことがあります。そのようなときはワールドを新規作成しても良いですが、次のコマンドを組み合わせて使うと楽チンです。チャット画面で順番にコマンドを打ちましょう。

① /tp ~1000 ~ ~　新しい場所にテレポートするよ
② /setworldspawn　現在位置を座標（0,0,0）にするよ

Chapter 3
アスレチックゲームを作ろう！

動画もチェック!!

次はブロックをとびこえながら
ゴールを目指していく
アスレチックゲームを
作っていくよ！
落ちずにゴールまで
たどりつけるかな？

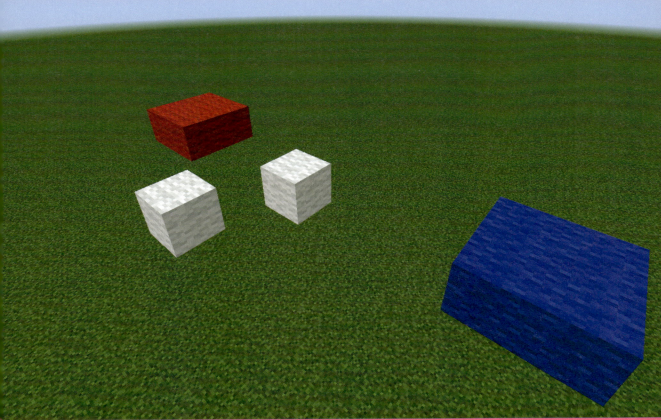

空中にブロックが浮かんでいるね。うまくプログラムすれば
ゲームのようにブロックを消したり、ゴールの判定をしたりできるよ。

STEP 1 | アスレチックゲームを作ろう！

動画で確認

Chapter3ではアスレチックゲームを作っていくよ！　まずはイメージビデオを見てみよう。
ビデオでは、スタート地点とゴール地点があって、スタートからゴールまで出たり消えたりする足場をジャンプしていたね。このようなプログラムを作っていこう！

「ゲームしょうかい：アスレチックゲーム」

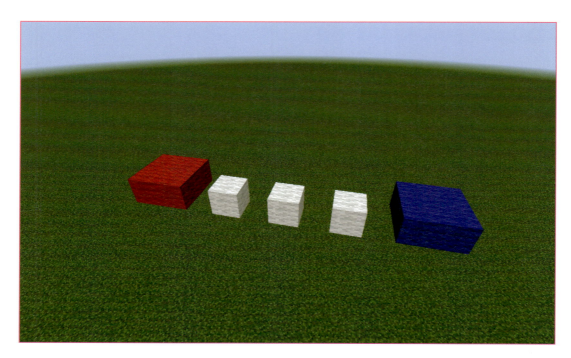

動画では、時間が経つとブロックが出てきて、さらに時間が経つとブロックは消えていったよね。どうやって作るんだろう。

STEP 2 | スタートとゴールを作ろう

ブロックを空中に設置する

まずは簡単な部分から作っていこう。はじめに、スタート地点とゴール地点のブロックを空中に設置しよう。

1. 【スタートがおされたとき】の下に、青色の羊毛を置くパーツをつなげよう。高いところに置くには、y座標を大きくすればいいね！

2. スタートは4ブロック分で作りたいので、青色の羊毛は次の場所に置いてみよう！
   ・座標（1、5、1）
   ・座標（1、5、2）
   ・座標（2、5、1）
   ・座標（2、5、2）

3. スタート地点ができたら、その上にテレポートするようにしよう。【マイクラ】から【テレポート】のパーツをここまでのプログラムの下に付け加えておこう。

①下につける
②y座標の数字は大きく

①同じパーツを3つ下につなげる
②座標に数字を入れる

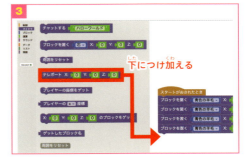

下につけ加える

3 アスレチックゲームを作ろう！

43

4 テレポートのパーツは、テレポート先を座標で決められるので、座標（2、6、2）にテレポートさせよう。y座標が5だとブロックの中にテレポートしてしまうので、乗りたいブロックの1つ上にしよう。

5 続いて、ゴールも作っていこう！ 同じように赤色の羊毛を4つ、次の座標に置こう。
・座標（10、5、1）
・座標（10、5、2）
・座標（11、5、1）
・座標（11、5、2）

6 実行すると、スタートからゴールまでのきょりがよく分かるね。ここからはいよいよ足場を作っていこう！

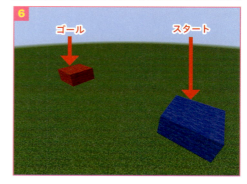

スタートとゴールができたね！ここから面白いアスレチックがつくれるかな〜！

スタートとゴールに使うブロックは変えてもいいよ！

STEP 3 | 足場を出してみよう

だんだんとできる足場

いよいよ足場を作っていくよ！ 足場は白色の羊毛で作ろう。
足場はだんだんと出てくるのがいいので、ブロックを置くパーツの前に【1秒待つ】の命令を入れて、すぐに全部の足場が出ないようにするよ。

1. 1つ目の足場は、座標（4、5、1）に置いてみよう。ブロックを置くパーツの前に【2秒待つ】を入れて実行すると、テレポートして少し経った後にブロックが置かれたかな？

2. 2つ目、3つ目の足場もだんだん置かれるようにプログラミングしていこう。座標は次のようにしてみよう。
   ・座標（6、5、1）
   ・座標（8、5、1）

3. 実行すると、ゴールに向かって足場がつながったね！ 試しにジャンプしてゴールしてみよう。

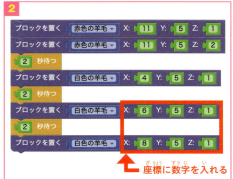

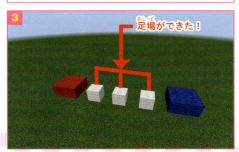

足場ができた！

ぴょん！ ぴょん！
たのしいね！

STEP 4 | 足場を消してみよう

「空気の足場」を置く

さらにアスレチックらしくするために、出てきた足場が消えていくようにしてみよう！
ブロックを消すには、消したいブロックの座標に空気ブロックを置くんだったね。

1. プログラムの最後に、空気を置くパーツを追加しよう。はじめに置いた足場を消すためには座標（4、5、1）に空気を置けばいいね。
実行すると、3つ目の足場が出るのと同時に、1つ目の足場が消えたかな？

2. さらに、残りの2つの足場も消えていくようにプログラムを増やしていこう。空気を置く座標は自分で考えてみよう！

3. このようなプログラムができたら実行してみよう。時間が経ったブロックは消えていくようになったね。

足場が消えるまでの時間が短いほど、アスレチックゲームが難しくなるね。自分で調整してみよう。

STEP 5 | ゴールの判定をしよう

■ もしクリアできたら……

さらにプログラムを増やして、ゴールできたら「クリアおめでとう！」、できなかったら「もう一回チャレンジ！」というようなチャットが出るようにしよう！

1　ゴールの判定をするには、プレイヤーのいる座標を使うよ。【マイクラ】から【プレイヤーの座標をゲット】のパーツをプログラムの一番下につなげよう。

2　このパーツを実行すると、【マイクラ】の【プレイヤーの◯座標】のパーツにプレイヤーの今いる座標が入るよ。この後はこれを活用していこう。

3　【制御】から【もし〜なら、でなければ】のパーツをさらに下につなげよう。これが、プログラムに判断をさせるパーツだよ。緑色の部分に条件を入れるよ。

> **ポイント**
> 【もし〜なら、でなければ】パーツは、これからもたくさん使っていく大事なパーツなので、使い方を覚えておこう！

④ 【□＝□】の"＝"の部分をクリックして、"＞"に変えよう。この記号は「不等号」といって、左側と右側を比べて、左側の方が大きいということを表すよ。【演算】から数字の【0】のパーツを持ってきて、不等号の右側に入れよう。この数字は変えることができるので、5にしておこう。

⑤ 【マイクラ】の【プレイヤーの○座標】を持ってきて、プレイヤーのy座標＞5とするよ。これで「もしプレイヤーのy座標が5よりも大きいなら」という条件ができたね。
もしプレイヤーが足場から地面に落ちていたらプレイヤーの座標は5以下になっているはずなので、「でなければ」の方に失敗した時のチャットを、上の方にはクリアした時のチャットを入れればいいね。

ポイント
不等号は算数や数学の授業でもよく使うから覚えておこう！　例えば5＞1は、「5だいなり1」と読んで、「5は1よりも大きい」ということを表すんだ。1＜5は、「1しょうなり5」と読んで、「1は5よりも小さい」という意味になるよ。

やったー！　ゴールしたらおめでとうメッセージが出てきた！

でも、ちょっと直さなきゃいけないところがあるね。

6 プログラムが完成したら実行してみよう。思い通りのチャットが出たかな？

7 今のプログラムを実行して、スタート地点から動かず待ってみよう。すると、ゴールしていないのに「クリアおめでとう！」のメッセージが表示されてしまった！　これはプログラムを変える必要があるね。

条件をつける

8 今のプログラムでは、高さが5より上の所にプレイヤーがいればクリアだとしてしまっているね。そこで、ゴールしているかの判断条件を増やそう。ゴールのx座標は10なので、プレイヤーのx座標が9より大きいという条件をつけよう。

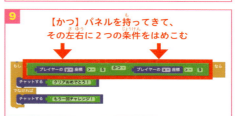
【かつ】パネルを持ってきて、その左右に2つの条件をはめこむ

9 ふたつの条件をどちらも満たすときにだけ「おめでとう」メッセージを表示したいので、この2つの条件を【演算】にある【□かつ□】の左右に入れて、プログラムを実行してみよう。

ポイント

「かつ」は、「どちらも正しい」という意味だよ。例えばオレンジジュースなら、「飲み物、かつ、黄色」だね！

3 アスレチックゲームを作ろう！

ゴールしたときにだけ「おめでとう！」と出るようになったね。

> カスタマイズ例 1

つるつるアイスアスレチック

ここからは、ゲームをもっと面白くしたり、難しくしたりしていこう。
まずは、足場に使うブロックを変えることでちがうアスレチックゲームにしてみるよ。
ここでは足場を氷にした「つるつるアイスアスレチックゲーム」を作ろう。

1 今のプログラムは、足場が白色の羊毛で作られているね。これをツルツルすべるブロックに変えてみよう。氷ブロックを使うといいよ。

2 白色の羊毛を置くパーツを、氷ブロックを置くパーツに変えてみよう。

> **ポイント**
> すべりやすくて難しくなったね！ 他にも使うと難易度が変わるブロックを探してみよう！ スライムブロック、フェンスなどを使うとさらに難しくできるよ。

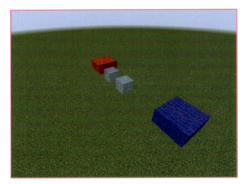

氷ブロックをえらぶ

全て氷ブロックにかえる

> カスタマイズ例2

ジグザグ足場のアスレチック

さらにカスタマイズとして、足場の出る位置も変えてみよう！ 置く場所や、足場の個数によって、難しさを変えることができるね。

1. 例えば、足場の場所をこのように変えてみよう。
   - 座標（4、5、3）
   - 座標（6、5、1）
   - 座標（7、5、-1）
   - 座標（9、5、1）

2. このようにブロックを置く座標を変えたら、空気を置く場所も同じ座標に変える必要があるね。

3. プログラムを修正して、実行して、…を繰り返して、面白いアスレチックゲームを完成させよう！

ポイント
楽しいゲームができたら保存しておこう！ いろいろなバージョンを保存するときには、保存するときの名前をわかりやすくしておこうね。

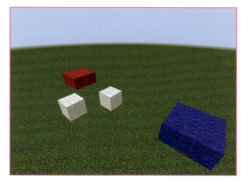

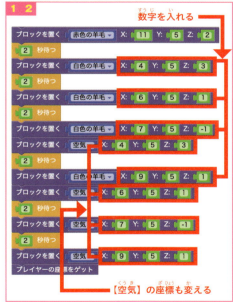

【空気】の座標も変える

①クリック
②クリックして名前をつけて保存

3 アスレチックゲームを作ろう！

Chapter3 のまとめ

▼アスレチックゲームのプログラム

Chapter 3 では、【もし〜なら、でなければ】のパーツを使って、ゴールしているときとそうではないときで、実行されるプログラムを分けることができたね。

▼つるつるアイスアスレチックのプログラム

```
スタートがおされたとき
ブロックを置く  青色の羊毛  X: 1  Y: 5  Z: 1
ブロックを置く  青色の羊毛  X: 1  Y: 5  Z: 2
ブロックを置く  青色の羊毛  X: 2  Y: 5  Z: 1
ブロックを置く  青色の羊毛  X: 2  Y: 5  Z: 2
テレポート  X: 2  Y: 6  Z: 2
ブロックを置く  赤色の羊毛  X: 10  Y: 5  Z: 1
ブロックを置く  赤色の羊毛  X: 10  Y: 5  Z: 2
ブロックを置く  赤色の羊毛  X: 11  Y: 5  Z: 1
ブロックを置く  赤色の羊毛  X: 11  Y: 5  Z: 2
2 秒待つ
ブロックを置く  氷ブロック  X: 4  Y: 5  Z: 1
2 秒待つ
ブロックを置く  氷ブロック  X: 6  Y: 5  Z: 1
2 秒待つ
ブロックを置く  氷ブロック  X: 8  Y: 5  Z: 1
ブロックを置く  空気  X: 4  Y: 5  Z: 1
2 秒待つ
ブロックを置く  空気  X: 6  Y: 5  Z: 1
2 秒待つ
ブロックを置く  空気  X: 8  Y: 5  Z: 1
プレイヤーの座標をゲット
もし  プレイヤーの y 座標 > 5  かつ  プレイヤーの x 座標 > 9  なら
    チャットする  「クリアおめでとう！」
でなければ
    チャットする  「もう一回チャレンジ！」
```

「白色の羊毛」を「氷ブロック」に変えたね

3 アスレチックゲームを作ろう！

▼ジグザグ足場のアスレチックのプログラム

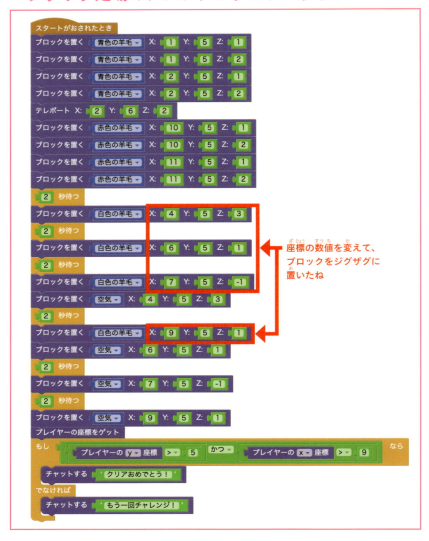

Chapter 4
ダイヤモンドランを作ろう！

動画もチェック!!

次に作るゲームは
ダイヤモンドラン！
今回からブロックを
たくさん置く方法も
学んでいくよ！

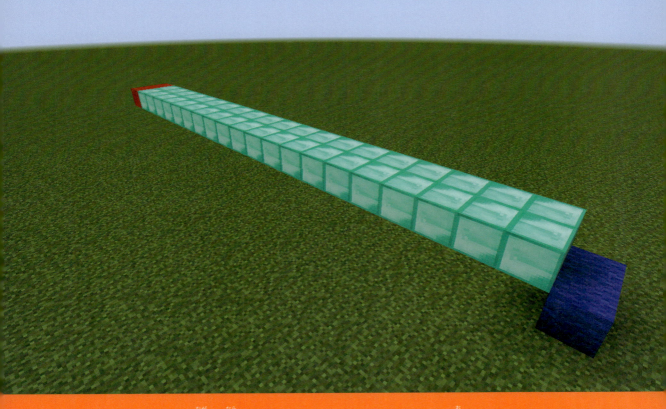

ずらっと長く並んだブロックはどのようにして置くのかな？
ひとつひとつ置いていくのは大変そうだね……。

STEP 1 ゲームしょうかい「ダイヤモンドラン」

📹 動画で確認

Chapter4 ではダイヤモンドランというゲームを作っていくよ！　まずはイメージビデオを見てみよう。
ブロックを横にたくさん置いているけれど、ひとつずつブロックを置いていくのは大変だね。なにか別の方法があるのかな。

「ゲームしょうかい：ダイヤモンドラン」

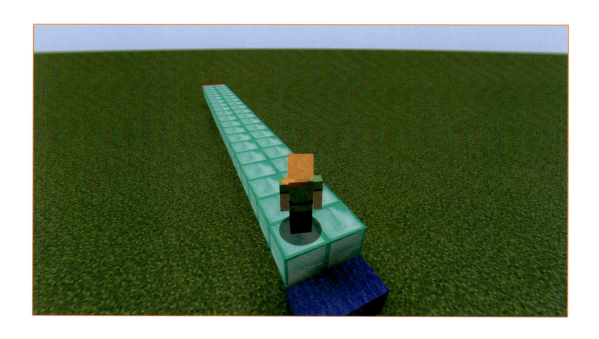

どんなプログラムを作るのか
イメージをふくらませよう！

STEP 2 | プログラムを繰り返し実行する

■ チャットを繰り返す

ブロックをたくさん置くためには、繰り返しを学ぶ必要があるんだ。プログラムは同じことを何度も実行するのが得意で、人間だったら失敗してしまいそうなことも正確にやってくれるんだ！

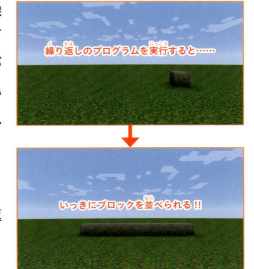

1. まずは【スタートボタンがおされたとき】の下に【制御】から【10回繰り返す】をつなげよう。

2. 繰り返しのパーツの間に【チャットする】のパーツをはめてみよう。これでプログラムを実行すると、マイクラで同じチャットが10回表示されたかな？

3. 次に、ブロックを置くパーツも繰り返しの中に入れてみよう。実行するとどうなったかな？

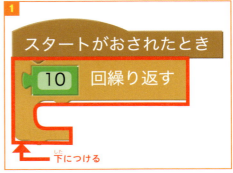

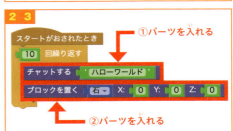

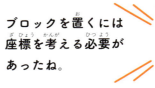

10回繰り返したのに、ブロックはひとつしか置かれていないね？ どうしてだろう？

ブロックを置くには座標を考える必要があったね。

STEP 3 | 変数を使ってみよう

箱の中に数字を入れる

右図のプログラムでは、同じ座標にずっとブロックが置かれてしまうことになるんだ。
ブロックを置く座標を変えるために、今回は「変数」を使っていくよ。変数のくわしい説明や使い方は動画をチェック。

同じ所にブロックを置いてしまう……

「変数の使い方」

1. 【データ】から「変数の作成」をクリックし、「x」と入力してOKをおそう。

2. 新しいパーツができるので、それぞれのパーツを使って、このようなプログラムを作ってみよう。【0】は【演算】にあるよ。

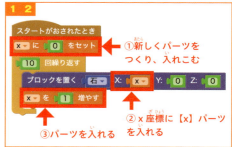

①新しくパーツをつくり、入れこむ
②x座標に【x】パーツを入れる
③パーツを入れる

3. 実行するとブロックが一列に！ 短いプログラムでここまでのことができたね。

10個並んだ！

4. この「変数」を簡単に説明すると、「数字が入っている箱」のようなイメージだよ。先ほど、新しく変数を作って、その名前を「x」としたね。ここで、xという箱を想像してね。

5 次に、その箱の中に数字の0を入れよう。もともとは何も入っていない箱なので、はじめに中身を設定しておくよ。

6 【10回繰り返す】に入ったら【ブロックを置く】パーツが実行されるけれど、座標は（【変数x】、0、0）になっているね。この【変数x】の部分は箱xの数字が入るので、座標は（0、0、0）だよ。

7 次は【xを1増やす】のパーツが実行されるので、箱の中身は1になり、また【ブロックを置く】パーツに戻るよ。

8 ブロックを置く座標は（【変数x】、0、0）で、xは1なので、座標（1、0、0）にブロックが置かれるよ。

9 さらにxが1増えて箱の中身は2になり、次に置かれるのは座標（2、0、0）になるね。さらにxが増えて3になり…、といった具合に、ブロックは座標（0、0、0）から座標（9、0、0）まで置かれていくんだ。

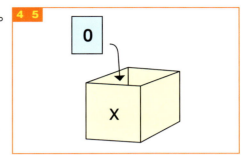

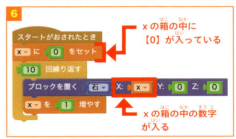

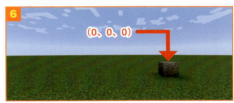

変数は「数字を入れる箱」だと思えばいいんだね！

4 ダイヤモンドランを作ろう！

STEP 4 道を作ってみよう

ブロックをいっきに並べる

繰り返しと変数に慣れるために、これらを使ってなにか作ってみよう。今回は一直線の道を作ってみよう。

1. 先ほどと同じように、繰り返しブロックを置く命令を作ろう。地面にブロックを置きたいので、ブロックを置く座標は、（変数x、-1、0）として、置くブロックは丸石としてみよう。

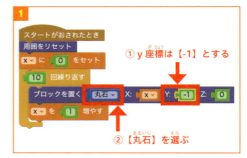

2. 実行すると、丸石が地面に置かれたね。繰り返しの回数を10回から20回に変更すれば、さらにこの道が延びていくよ。

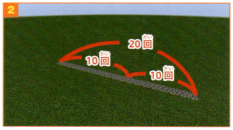

3. この道のはばを増やすことはできるかな。繰り返しの中にもうひとつブロックを置くパーツを増やせばOK。座標は（変数x、-1、1）としよう。

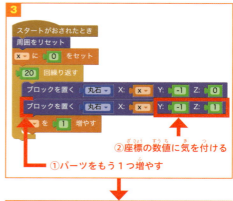

このあとは、この道のプログラムをゲームにしていこう！

STEP 5 | ゲームクリアを実装しよう

■ ダイヤモンドランを作る

今回は、ゴールまで早くかけぬけるゲームを作ってみよう。

1. Chapter3で作ったような、高い位置に道を作ろう。今のプログラムをどう変更すれば高いところに道がつくれるかな？高さを変更するにはyを変える必要があったので、【ブロックを置く】パーツのy座標を1に変えて、置くブロックも【丸石】から【ダイヤブロック】にかえておこう。

2. 地上からこの足場に登れるように、青色の羊毛を座標（-1、0、0）と（-1、0、1）にそれぞれ置こう。

3. ゴールまでのきょりは20ブロックほどにしたいので、繰り返し回数は20回にして、xが20のところをゴールとして赤色の羊毛を置いておこう。

4. これでコースができたので、あとはゴールの判定ができるようにしよう。判定の方法はChapter3で学んだものに少し工夫をするよ。

新しいステップに移る前にマイクラの【周囲をリセット】ボタンをおすと、うまく次のプログラミングができるよ！

5 【制御】から【〜まで繰り返す】をプログラムの最後につけよう。これは条件を満たすまでずっと中のプログラムを繰り返すパーツだよ。

6 【〜まで繰り返す】の外側と内側にそれぞれ、【マイクラ】から【プレイヤーの座標をゲット】のパーツを入れたあと、条件の部分の【□=□】を外して、代わりに【演算】から【□かつ□】を入れよう。

7 さらに、【演算】から【□=□】のパーツを持ってきて、左側に【プレイヤーのx座標】、右側には【0】のパーツを入れて数字を20にしておこう。ゴール地点のx座標が20だから、プレイヤーの座標が20だった場合はゴール地点にいることになるね。

8 さらに7と同じようにして【プレイヤーのy座標=2】という条件も作っておこう。これを6で用意した【□かつ□】の左右に入れて、「プレイヤーがゴールに乗っているとき」という条件を完成させよう。

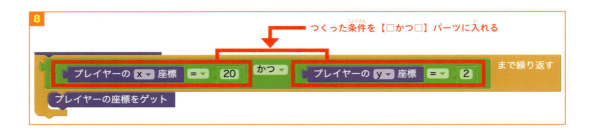

9　プレイヤーがゴールに乗ったら繰り返しをぬけてゲームクリアになるね。最後に【チャットする】パーツをつなげて、「クリアおめでとう！」とチャットが出るようにしよう。
これでプログラムは一通り完成だ！

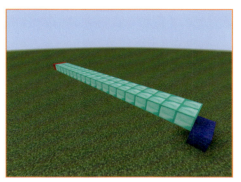

9
```
スタートがおされたとき
x に 0 をセット
20 回繰り返す
    ブロックを置く ダイヤブロック X: x Y: 1 Z: 0
    ブロックを置く ダイヤブロック X: x Y: 1 Z: 1
    x を 1 増やす
ブロックを置く 青色の羊毛 X: -1 Y: 0 Z: 0
ブロックを置く 青色の羊毛 X: -1 Y: 0 Z: 1
ブロックを置く 赤色の羊毛 X: 20 Y: 1 Z: 0
ブロックを置く 赤色の羊毛 X: 20 Y: 1 Z: 1
プレイヤーの座標をゲット
    プレイヤーの x 座標 = 20 かつ プレイヤーの y 座標 = 2    まで繰り返す
    プレイヤーの座標をゲット
チャットする クリアおめでとう！
```
← 【チャットする】パーツをつける

このプログラムを実行して、落ちずにゴールまでたどりつけばゲームクリア。でもまだゲームとしてはあまり面白くないね。

もっといろんなしかけをつくりたいな！

STEP 6 | タイマーをつけよう

ゴールにかかる時間は？

もう少しゲームらしくするためにゴールするまでの時間を発表して、家族や友達とバトルできるようにしよう！

1. コースを作り終えた直後の部分に、【マイクラ】から【テレポート】のパーツと、【制御】から【タイマーをリセット】のパーツをそれぞれ入れよう。階段を上る前のところにテレポートさせたいので、座標は（-2、0、0）としてみよう。

2. 【タイマーをリセット】が実行されると、そこからタイマーのカウントが始まるよ。【制御】の【タイマー】のパーツの中に時間が入るので、ゴールしたときにチャットさせるようにしよう。そのためには、最後にタイマーをチャットする命令を入れればいいよ。

3. このままだと秒数だけが表示されてしまうので、【演算】から【ハローとワールド】というパーツを持ってきて、先ほど入れた【タイマー】の代わりにチャットするの中に入れておこう。

4. 【ハローとワールド】の左側の部分に【タイマー】を入れて、右側には「秒でクリアしました。」と書いておこう。

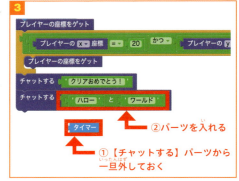

5 ここまでのプログラムを実行すると、ゴールをしたときにかかった時間を発表するようになったね！

```
5 スタートがおされたとき
  x に 0 をセット
  20 回繰り返す
    ブロックを置く ダイヤブロック X: x Y: 1 Z: 0
    ブロックを置く ダイヤブロック X: x Y: 1 Z: 1
    x を 1 増やす
  ブロックを置く 青色の羊毛 X: -1 Y: 0 Z: 0
  ブロックを置く 青色の羊毛 X: -1 Y: 0 Z: 1
  ブロックを置く 赤色の羊毛 X: 20 Y: 1 Z: 0
  ブロックを置く 赤色の羊毛 X: 20 Y: 1 Z: 1
  テレポート X: -2 Y: 0 Z: 0
  タイマーをリセット
  プレイヤーの座標をゲット
  プレイヤーの x 座標 = 20 かつ プレイヤーの y 座標 = 2 まで繰り返す
    プレイヤーの座標をゲット
  チャットする 'クリアおめでとう！'
  チャットする タイマー と '秒でクリアしました。'
```

練習問題1　コースの長さを変更しよう

コースの長さを、今の20ブロックから、30ブロックに変更して、それに合うようにゴールの位置や判定を変えてみよう。プログラムのどこを変えればいいか考えてみよう。

できるかな？
答えは72ページ！

STEP 7 | カウントダウンをつけよう

3、2、1 スタート

今のままだと、スタートボタンをおしてからマイクラに行くまでに少し時間がかかってしまうね。そこで、スタートする前にカウントダウンを入れて、3、2、1でスタートするようにしよう！

1 テレポートのパーツの直前に【10回繰り返す】を入れよう。

2 カウントダウンに使う箱を用意したいので、【データ】で新しく変数【カウント】を作成しよう。10からカウントダウンしたいので、繰り返しの前に【カウントに10をセット】のパーツを入れておこう。

3 カウントは1秒ごとに減らしたいので、繰り返しの中に、【チャットする：カウント】、【1秒待つ】、【カウントを-1増やす】のパーツをそれぞれ入れよう。-1増やすということは、1減らすということだよ。

4 カウントダウンが終わったら、「スタート」とチャットして始まりを知らせよう。どこにどんなパーツを入れればいいかわかるかな？　自分で考えてプログラムしてみよう！

カスタマイズ例1

穴だらけのコースにしてみよう

ここまできたら、次はコースを工夫して、クリアに時間がかかるようにしてみよう。

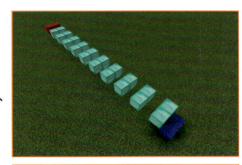

まずは、穴だらけのコースを作ろう。空気ブロックを置いていってもいいけれど、今回は繰り返しのプログラムを少し変える方法を試してみよう。

1 ここまで作ったプログラムを一度保存した後、【スタートがおされたとき】の下の繰り返しの回数を10回にしよう。

① 「10」と入れる
② 「2」と入れる

2 続けて、繰り返しの中にある【xを1増やす】の数字を2にしてみよう。

3 【スタートがおされたとき】の直後に【周囲をリセット】を入れてプログラムを実行しよう。

① 【周囲をリセット】のパーツを入れる
② ゴールの条件を確認する

ポイント
xを2ずつ変えていくことによって、ブロックが置かれる場所も2ブロック動くことになるから、穴があくんだね！

4 ダイヤモンドランを作ろう！

67

> カスタマイズ例2

市松模様のコースにしてみよう

コースの見た目にこだわりたい人は、2色のブロックを交互に置いて市松模様を作ってみよう。

1. 白と黒の市松模様を作るとき、左に白、右に黒が置いてあると、次は左が黒、右が白になっているよね。その後も同じ並びの繰り返しだ。ここに気づけば分かったも同然だね！

2. 繰り返しの回数を10回にして、白色の羊毛を左（z = 0）に、黒色を右（z = 1）に置くようにしよう。xは1ずつ変えていこう。

3. さらに、繰り返しの中の3つの命令をすべてコピーして、繰り返しの中に入れよう。そして今度は黒色の羊毛を左（z = 0）に、白色を右（z = 1）に置くようにしてみよう。

4. 実行すると、きれいな市松模様のコースができたね！

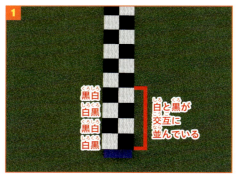

白色の羊毛と空気で市松模様を作ったら、すごく難しくなったよ！

68

> カスタマイズ例3

チェックポイントを作ろう

チェックポイントを作ってさらにコースを長くしていく方法を学んでいくよ。
途中のポイントにたどり着いたら、さらにその続きのコースが出てくるというようにしてみよう。

新しい道が出てきた！

1 ここまでのプログラムのゴール地点（20、2、0）をチェックポイントに変えて、さらにその先のコースを作ろう。【〜まで繰り返す】の後に、さらにコースを作るプログラムとクリア判定のプログラムを追加するよ。

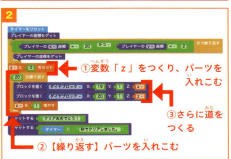

①変数「z」をつくり、パーツを入れこむ
②【繰り返す】パーツを入れこむ
③さらに道をつくる

2 【変数】で新しく変数 z を作成し、【z に 0 をセット】のパーツを「クリアおめでとう！」とチャットするパーツの上に入れよう。そして【繰り返す】パーツを入れたら、ダイヤブロックを20個置くようにパーツを組み合わせよう。これで赤色の羊毛をふむとさらに右側に道ができるプログラムになったね。

4 ダイヤモンドランを作ろう！

3 z方向のはしに行くとクリアになるように、今度は黄色の羊毛を置いて、黄色の羊毛の座標に着いたらゴールとなるように【〜まで繰り返す】のパーツも入れてみよう。

4 黄色の羊毛をゴールにしてもいいし、さらにステージの先を作ってみてもいいよ。自分なりのダイヤモンドランを完成させよう。

3 4
```
タイマーをリセット
プレイヤーの座標をゲット
  [プレイヤーの x 座標 = 20] かつ [プレイヤーの y 座標 = 2]  まで繰り返す
    プレイヤーの座標をゲット
z に 0 をセット
20 回繰り返す
  ブロックを置く ダイヤブロック X: 19 Y: 1 Z: z
  ブロックを置く ダイヤブロック X: 20 Y: 1 Z: z
  z を 1 増やす
ブロックを置く 黄色の羊毛 X: 19 Y: 1 Z: 20    ← ゴールをつくってもよい
ブロックを置く 黄色の羊毛 X: 20 Y: 1 Z: 20
  [プレイヤーの z 座標 = 20] かつ [プレイヤーの y 座標 = 2]  まで繰り返す
    プレイヤーの座標をゲット
チャットする 'クリアおめでとう！'
チャットする タイマー と '秒でクリアしました。'
```

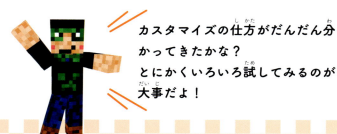

カスタマイズの仕方がだんだん分かってきたかな？
とにかくいろいろ試してみるのが大事だよ！

Chapter4 のまとめ

▼ダイヤモンドランのプログラム

Chapter4 では、新しく変数を学んだね。変数は数字を入れる箱のようなもので、箱の中身を変えていくことでブロックを置く座標を変えることができたよ。くりかえしと組み合わせることで、ブロックを 20 ブロック一気に置いたり、チャットを使ったカウントダウンを作ったりもできたね。

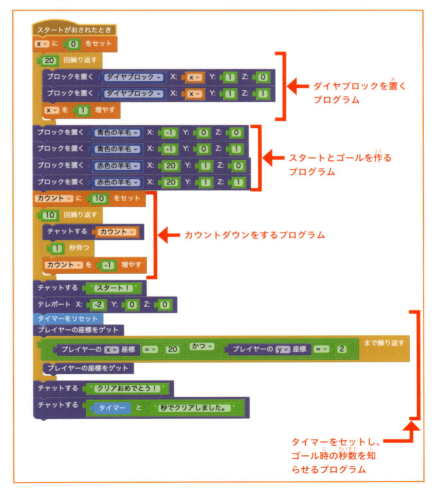

練習問題1「コースの長さを変更しよう」の答え

コースを変えたら、ゴールの位置も変える必要があるね。赤色の羊毛を置く座標と、【〜まで繰り返す】の条件に使っている座標を変更しよう。

「30」と入力する

TRY! ルールを変えて、コースを奥まで走ってから、折り返してスタート地点に戻ってきたらゴールというように変更できるかな？

プログラムを少しずつ変更して、自分好みに変えていくことができるようになれば、いろいろなゲームを自分で作れるようになるよ。

> ## コラム

プログラミングがうまくいかないときは？

トラブルシューティングのやり方

　長いプログラムを書いていくと、だんだん複雑になってきて、作っている部分がわからなくなったり、まちがっているところが見つけづらくなったりしてきます。そんなときは次のような手順を試してみましょう。

①まず今の状態を保存しておく

　一番はじめにやることは、今のプログラムを保存しておくことです。うまくいっていないプログラムだと分かるような名前をつけて保存しておきましょう。例えば「ダイヤモンドランゴールうまくいかない版」などでも良いと思います。

②マイクラッチやマインクラフトを再起動してみる

　次に、マイクラッチやマインクラフトを一度閉じて、もう一度起動してみましょう。これでうまくいくことがあるかもしれません。特に、とても多くの処理をするプログラムを動かしたあとは、うまくプログラムが動かなくなってしまうことがあります。

③プログラムを少しずつ実行してみる

　それでも動かなかった場合には、「スタートが押されたら」のプログラムを少し外して、少しずつ実行してみましょう。あるいは、わざと「チャットする」のパーツを入れて、どこまできちんと実行されているかチェックするのもひとつの手です。くりかえしや「もし～なら」のあたりに「チャットする」を入れることで、プログラムをどう直せば良いかが分かることも多いです。

> **コラム**

学校の授業でマインクラフト!?

問題解決能力を育てる

　本書では、マインクラフトでプログラミングを学ぶという内容を紹介していますが、海外では学校の授業でマインクラフトが使われている例もあります。

　マインクラフトが開発された国であるスウェーデンでは、マインクラフトの授業が必修科目になっています。その理由は、「問題解決能力を身につけるため」だそうです。

　問題解決能力というのは、かんたんに言うと、目的を達成するために考えたり、行動したりして、目的を達成する力です。例えば「なわとびの二重とびを飛べるようになる」を目的としましょう。このとき、どんなことを考えて、どんな行動をするでしょうか。まずは真似してなわとびをとんでみる。人に聞いたり、インターネットで調べたりして、ある程度やり方が分かったら、何度も練習してみる。二重とびができるようになったら目的を達成したことになりますし、それでも達成できない場合はできる人に教わってみるのもいいでしょう。

　このような、問題解決をするためにあれこれする練習が、マインクラフトでできるというのです。前のページのコラムでも紹介したように、色々な目的が用意されているマインクラフトなので、自分で目的を見つけて、達成していく経験をするのにぴったりというわけです。

　そして、プログラミングも問題解決能力の練習や実践になると言われています。この能力は生きていく上でずっと活かせる能力ですから、いっぱいチャレンジしてみてくださいね。

Chapter 5
ドキドキサバイバルを作ろう！

動画もチェック!!

Chapter5で作るのは、
ドキドキサバイバル！
どんどん消えていく足場を前に
君は生き残ることができるか！

ランダムにブロックが消えるようにプログラミングするよ。
最後に1つだけ残るようにするにはどうすればいいのかな？

STEP 1 | ゲームしょうかい「ドキドキサバイバル」

動画で確認

Chapter5では「ドキドキサバイバル」というゲームを作っていくよ。まずは、どんなゲームを作るのかイメージをふくらませるために、ゲームの内容を見てみよう。

「ゲームしょうかい：ドキドキサバイバル」

足場がでたらめに消えているね！ どうやって作れば良いんだろう？

友達とやっても盛り上がりそう！

STEP 2 | 乱数ってなんだろう

ランダムに選ぶ

【演算】の中に【1から10までの乱数】というパーツがあるけれど、これはどのように使うんだろう。実験してみよう！
この部分は動画でも説明しているよ！
動画を見てみよう！

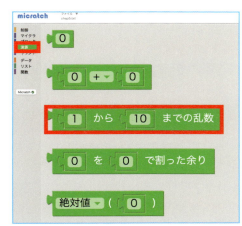

1. まずは、【マイクラ】から【チャットする】のパーツを持ってきて、「ハローワールド」の代わりに【演算】の【1から10までの乱数】を入れて実行してみよう。

2. 実行すると、何がチャットされたかな？何度も実行することで、この【1から10までの乱数】の動作がきっと分かるよ。

3. これを【1から3までの乱数】に変更してみよう。何度か実行すると、こちらも予想通りの結果になったかな？

4 次は【マイクラ】の【ブロックを置く】パーツを用意して、y座標に【1から10までの乱数】を入れてみよう。

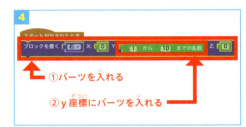

5 実行すると、ブロックが空中に置かれたかな？ さらに何度か実行してみよう。同じプログラムなのに、ブロックの置かれる場所が変わったね！

乱数は、「ランダム」とか「でたらめ」という意味だよ。
例えば、サイコロを思いうかべてみよう。サイコロをふる前に、「いくつが出るか」と聞かれたとき、6面のサイコロなら、「1から6までのどれかの数字が出る」と答えることができるよね。これがまさに乱数なんだ。
例えば「1から10までの乱数」は、「1から10までの目が出るサイコロをふる」と考えられるね。

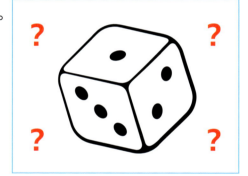

STEP 3 | 乱数を使ったプログラム

ランダムにチャットさせる

乱数を使うことによって、同じプログラムを実行してもちがうチャットをしたり、ちがう場所にブロックを置いたりすることができたね。

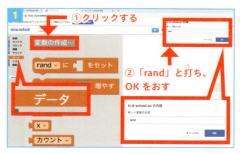

1. 【データ】の【変数の作成】で新しい変数を作ろう。rand というのは、ランダムという英語の略で、乱数を使うときによく使われる名前なんだ。

2. 【データ】の【rand に□をセット】のパーツを【スタートがおされたとき】につなげて、□に【演算】から【1 から 10 までの乱数】を入れておこう。

3. これを【1 から 2 までの乱数】に変更しよう。これで、【rand に 1 から 2 までの乱数をセット】という命令ができたよ。1 から 2 までの乱数というのはつまり、1 か 2 しか出ないサイコロのようなものだね。

4 【制御】の【もし～なら】をつなげて、条件の部分は【rand = 1】としよう。この内側には【チャットする：ハッピー！】などのチャットを入れておこう。

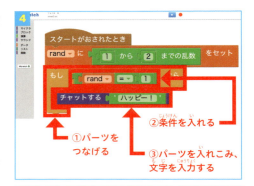

5 さらにその下にも【もし～なら】をつなげて条件を【rand = 2】としよう。この内側には【チャットする：ラッキー！】などとチャットを入れておこう。

6 rand には 1 か 2 のどちらかが入るので、実行するたびに【ハッピー！】か【ラッキー！】のどちらか片方がチャットされるはずだよ。

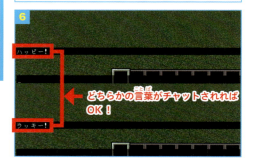

ポイント

ランダムな数字をチャットしたり、ランダムな場所にブロックを置いたりするだけではなくて、実行するプログラムもランダムにできることが分かったかな？

いろんなプログラムが作れそう！

STEP 4 おみくじを作ろう

4種類の中からランダムに選ばせる

Step3で作ったプログラムを改良して、今日の運勢をうらなってくれるオリジナルおみくじを作ろう。

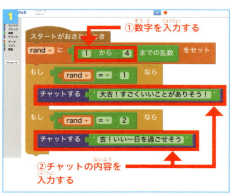

1. まずは、「大吉」「吉」「凶」「大凶」の4種類が出るおみくじを作ろう。Step3のプログラムの【randに〜をセット】の数字の部分を【1から4】に変更するよ。チャットの内容はそれぞれ「大吉！ すごくいいことがありそう！」「吉！ いい一日を過ごせそう」など、うらないの結果と一言にしておこう。

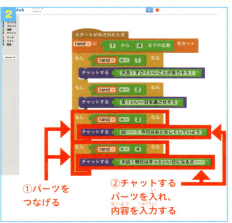

2. 【もしrand＝3なら】【もしrand＝4なら】のパーツを新しくつなげて、「凶……！ 今日はおとなしくしてよう」「大凶！ 明日はきっといい日になるさ……」などとチャットされるようにしよう。

3. 何度も実行して、全部のパターンがちゃんと表示されるか確認してみよう。もし表示されなかったら、プログラムをもう一度確認してみようね。

今のプログラムでは、どの運勢も同じ確率で出てくるよ。さらにプログラムを変えることで、「吉」と「凶」が出やすく、「大吉」と「大凶」は出にくくなるようにプログラミングしてみよう。

4 rand に【1 から 10 までの乱数】をセットして、rand の結果が 1 のときは大吉、2〜5 のときは吉、6〜9 のときは凶、10 のときは大凶が表示されるようにしよう。1 と 10 の場合のプログラムは簡単にできるけど、それ以外はどうすればいいかな？

5 吉の場合は、Chapter3 で使った不等号を使って、【rand≧2 かつ rand≦5】という条件を入れてみよう。凶の場合の条件も自分で考えて作ってみよう。

ポイント

「3≧rand」だと、「3 大なりイコール rand」とよんで、「3 は rand よりも大きいか等しい」という意味になるよ。不等号の使い方については、Chapter3 で説明したね。48 ページに戻って確認してみよう。

実行したけどうまくいかない！ そんなときはプログラムを見て原因を考えよう。

練習問題1　条件通りに作ってみよう

ここで練習問題に挑戦してみよう！
次の指示通りのプログラムを作ってみよう。

1. 実行した人のラッキーカラーをうらなうプログラムを考えてみよう。カラーは5種類以上が出るようにしよう。

2. さらに、ブロックも置いて、レアなカラーも追加することで盛り上がるようにしよう。

条件を入れて、色をチャットさせよう

ポイント

Chapter3、4で学んだプログラムを少し変えてプログラムを完成させよう。レアなカラーを追加するには、例えば乱数の範囲を多めにして、数字を範囲で指定しよう。
【カラーの例】
1-2 金色
3-4 銀色（鉄ブロックを使おう）
5-8 赤色
9-12 ピンク色（桃色）
13-16 緑色
17-20 オレンジ色（橙色）

もっと色を増やしてみてもいいね！

3 さらに作ったプログラムをカスタマイズして、色に対応するブロックを置くプログラムにしてみよう。金が選ばれた時は金ブロック、赤色が選ばれた時は赤色の羊毛やマグマブロックなど、近い色のブロックが置かれるようにしてみよう。

ポイント ブロックを置く命令はもう扱えるね。あとはそれぞれのチャットの下にブロックを置く命令を置くだけだ。

何度か実行して、思い通りになっているか確かめてみよう！

コラム

役に立つプログラムを作ってみよう

ご飯を決めるプログラムを作る！

　ここまで、ゲームを作ってきましたが、ここまでに学んできたプログラムを使えば、役に立つプログラムも作ることができます。

　例えば、お店に行ったときに何を食べようか迷うことはありませんか？またはお菓子や服でもいいのですが、そんなときは、「お昼ご飯に何を食べるか迷っている時に実行するプログラム」を作ってみるというのはどうでしょう。

　1から5までの乱数を使って、1が出たらカレー、2が出たらうどん、…とチャットされるプログラムを作れば、優柔不断でなかなかメニューが決められない人の役に立ちますね！

STEP 5 | ランダムな場所にブロックを置いてみよう

乱数でブロックを消す

次はブロックを置く場所をランダムにしていくよ。

1. 以前のプログラムは一度保存して、プログラムを新規作成しよう。また、【マイクラ】の一番下にある「周囲をリセット」をクリックして、マイクラのブロックを消しておこう。

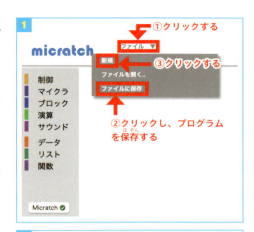

2. 【スタートがおされたとき】の下に石を置くパーツをつなげて、xに0から4までの乱数を入れよう。このプログラムを実行するたびに、x座標0〜4の場所のうちどこかにブロックが置かれるね。

3. では、ランダムで置いたブロックを消すにはどうすればいいかな。【制御】から【1秒待つ】をつなげたあと、石を置くパーツを複製し、石ではなく空気に変えて、下につなげて、実行しよう。

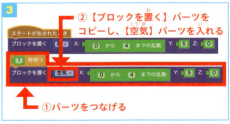

4. 置いたブロックが消えると思った人も多いと思うけれど、**実はこれでは置いたブロックは消えてくれないんだ**。少し工夫をする必要があるよ。

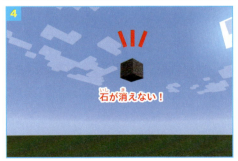

5 ブロックが消えなかった理由は乱数の仕組みにあるよ。この【0から4までの乱数】を実行すると、実行するたびにランダムな数字が選ばれるので、石を置くパーツの乱数の結果と、空気を置くパーツの乱数の結果はちがうものになってしまうんだ。

6 これを解決するためには変数を活用しよう。変数 rand を作って、【rand に 0 から 4 までの乱数をセット】をはじめに入れておこう。

7 石と空気を置くパーツの x 座標に rand を入れて実行しよう。今度は石が置かれた後に同じ場所に空気が置かれるので、石が消えたね！

5
①と②でそれぞれ別の数字が選ばれてしまう

6 7
①パーツを入れ、条件をつくる
② x 座標に【rand】パーツを入れる

ポイント
乱数を使うときには、変数に数字を入れておく必要があることもあるんだ。覚えておこうね。

この後はゲームを仕上げていくよ！

STEP 6 | ドキドキサバイバルを完成させよう

全てのブロックをランダムに消す

ここまでの内容をふまえてドキドキサバイバルを完成させよう。乗っている足場がどんどん消えていって、最後まで残っていたらクリアというゲームだったね。

1 変数 x を作り、座標（x、5、0）に石を置くパーツと【x を 1 増やす】を【5 回繰り返す】で囲もう。その上に【x に 0 をセット】を入れておこう。

2 これで空中に石を 5 つ置くプログラムができたね。プレイヤーが自分でこのブロックの上に乗るのは大変なので、このブロックの上にテレポートさせる命令も入れておこう。

3 ここから数秒ごとに石の足場を消していきたいので、乱数と空気を置くパーツを使って足場を 4 回消していくよ。Step5 で用いた【rand に 0 から 4 までの乱数をセット】、【1 秒待つ】、空気を置くパーツを【4 回繰り返す】で囲もう。

4 すぐにブロックが消え始めてしまうので、テレポートの後に【5秒待つ】を入れておこう。合わせて、足場が消える前と消え終わったあとに説明をするチャットも加えよう。

ここまでできたら実行して動作を確認してみよう！

5 何度か実行すると問題があることに気づくね。ブロックを消す命令を4回実行しているのに、ブロックが2個以上残ることがあるよ。本来はブロックが残り1つになってほしいね。

6 乱数はでたらめな数字をひとつ選ぶものなので、選ばれた数字が同じ数字になってしまうことも多いね。すでに空気ブロックを置いた場所にさらに空気ブロックを置いていることもあるというわけだね。では、同じ場所に重ならないようにブロックを置く方法を考えてみよう。

7 いま空気を置く部分のプログラムを囲んでいる【4回繰り返す】を取ってしまおう。代わりに、【制御】の【～まで繰り返す】で囲もう。

4

スタートがおされたとき
x▼ に 0 をセット
5 回繰り返す
　ブロックを置く 石▼ X: x▼ Y: 5 Z: 0
　x▼ を 1 増やす
テレポート X: 0 Y: 6 Z: 0
チャットする 「落ちずに最後まで残れ！」 ← ①パーツを入れる
5 秒待つ ←
4 回繰り返す
　rand▼ に 0 から 4 までの乱数 をセット
　1 秒待つ
　ブロックを置く 空気▼ X: rand▼ Y: 5 Z: 0
チャットする 「終了！」 ←
② パーツを入れる

5

ブロックが3つ残ってしまった……

7

スタートがおされたとき
x▼ に 0 をセット
5 回繰り返す
　ブロックを置く 石▼ X: x▼ Y: 5 Z: 0
　x▼ を 1 増やす
テレポート X: 0 Y: 6 Z: 0
チャットする 「落ちずに最後まで残れ！」
5 秒待つ
◼ = ◼ まで繰り返す ← 【～まで繰り返す】パーツに変える
　rand▼ に 0 から 4 までの乱数 をセット
　1 秒待つ
　ブロックを置く 空気▼ X: rand▼ Y: 5 Z: 0
チャットする 「終了！」

8 新しく変数「カウント」を作り、【カウントに 0 をセット】を【〜まで繰り返す】の上に入れよう。繰り返す条件の部分は【カウント = 4】としておこう。

9 【マイクラ】から【x □ y □ z □のブロックをゲット】を持ってきて、【1 秒待つ】の上に入れよう。さらに【制御】から【もし〜なら】をその下に入れて、【もし〜なら】の中に【1 秒待つ】と【ブロックを置く】を入れておこう。

10 条件は【ゲットしたブロック名 = 石なら】としておこう。【ブロックをゲット】のパーツの座標は、空気を置くパーツと同じ座標にしておこう。こうすることで、**乱数の場所に置いてあるブロックが石の場合だけ空気を置くことになるよ。**

11 空気を置いた時だけカウントを増やしたいので、【カウントを 1 増やす】を入れておこう。これでプログラムを動かしてみよう。

ポイント これでプログラムは完成だよ！最後の 1 つになるまで残っていればクリアというプログラムにすることができたね！

5 ドキドキサバイバルを作ろう！

8
① 変数をつくり、間に入れる
② 条件を入れる

9
① 間に入れる
② 間に入れる
③ パーツを中に入れる

10 11
① 条件を入れる
② ★と同じ座標にする
③ パーツを入れる

89

カスタマイズ例1

クリア判定をしよう

運良く最後まで足場の上に残ることができたら、おめでとうメッセージが出るようにプログラミングしてみよう。これはChapter3でやったのと同じ方法でできるので、自分でやってみよう。

1 パーツを追加するのは、今のプログラムの最後の部分だよ。足場に最後まで残っていたということは、プレイヤーのいる位置はどうなっているということかな。プレイヤーの位置を判断に使うためには、【マイクラ】の【プレイヤーの座標をゲット】と【プレイヤーの〜座標】を使えばよかったね！

2 そのままだと、もし最後の足場が消えるのと同時に下に落ちても「クリアおめでとう！」とチャットされてしまいます。そこで、【チャットする"終了！"】と【プレイヤーの座標をゲット】の間に、【1秒待つ】を入れておこう。

ポイント
プレイヤーが最後まで残ったとき、プレイヤーはy座標が5のブロックの1つ上にいるから、プレイヤーのy座標は6になっているはずだね。

① パーツを追加する
② 1秒待つ

カスタマイズ例2
足場の数を増やそう

カスタマイズ1で作ったプログラムをクリアしたら、さらに難しさがアップしたドキドキサバイバルを作ってみよう。

1. はじめに出てくる足場を、5ブロックではなく10ブロックにしてみよう。このままでは、消えるブロックは4ブロックのままなので、プログラムを変更して、最後の1つだけ残すプログラムに変えてみよう。変えるべき場所は複数あるよ。

2. ひとつは、カウントの数。前回は消したいブロックが4つだったので、【カウント＝4まで繰り返す】としたよ。今回消したいブロックはいくつか考えて、その値をここに入れてみよう。

3. もうひとつは、randの値。前回は消したいブロックのx座標が0から4で、今回は0から9となっているね。これをふまえてどこを変えればいいか考えてみよう。

> カスタマイズ例 3

足場をランダムにしよう

今の足場は石ブロックでできているけれど、石では見た目がよくないので、カラフルな羊毛がランダムに置かれるようにしたい！どうすればよいかな？

1 足場を置く部分に乱数を使おう。【1から3までの乱数】を使えば、3種類のブロックをランダムに置くことができるね。

2 ただし、今のままのプログラムだと、【もしゲットしたブロック＝石なら】の部分がうまく動かず、ずっと足場が消えなくなってしまうので、改善が必要だよ。

3 ここで使うのが、【□≠□】というパーツだ。これは、左側と右側が「等しくない（同じではない）」という意味だよ。ゲットしたブロック名がどのブロックではないときだけ空気を置けばいいかな？

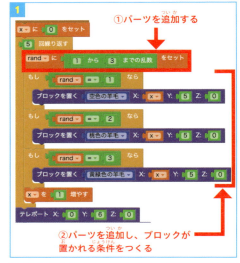

① パーツを追加する

② パーツを追加し、ブロックが置かれる条件をつくる

ゲットするのは石ではないから変える必要がある

ここに入るブロックは何かな？

なにもブロックがない場所は、「空気というブロックがある」と考えるんだったね。このヒントで分かったかな？

Chapter5 のまとめ

▼ ドキドキサバイバルゲームのプログラム

足場が残り1つになるまでブロックを消すようにプログラムすることができたかな？

```
スタートがおされたとき
x ▼ に 0 をセット
5 回繰り返す                          足場をつくるプログラム
    ブロックを置く 石 ▼ X: x ▼ Y: 5 Z: 0
    x ▼ を 1 増やす
テレポート X: 0 Y: 6 Z: 0
チャットする ' 落ちずに最後まで残れ！'
5 秒待つ
カウント ▼ に 0 をセット
    カウント ▼ = ▼ 4 まで繰り返す
    rand ▼ に 0 から 4 までの乱数 をセット
    X: rand ▼ Y: 5 Z: 0 のブロックをゲット
    もし ゲットしたブロック名 = ▼ 石 ▼ なら
        1 秒待つ
        ブロックを置く 空気 ▼ X: rand ▼ Y: 5 Z: 0
        カウント ▼ を 1 増やす
                                     残り1つになるまで
                                     ブロックを消すプログラム
チャットする ' 終了！'
```

5

ドキドキサバイバルを作ろう！

練習問題1「条件通りに作ってみよう」の答え

ラッキーカラーをうらなうには、色とそれに対応するブロックがランダムに選ばれるようなプログラムにすればよいね。

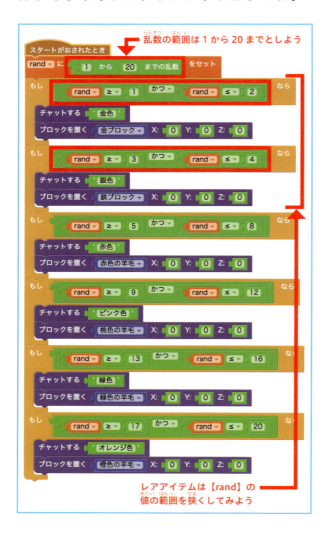

▼カスタマイズ例3　ランダムな足場のドキドキサバイバル　プログラム例

```
スタートがおされたとき
x に 0 をセット
5 回繰り返す
    rand に 1 から 3 までの乱数 をセット
    もし rand = 1 なら
        ブロックを置く 空色の羊毛 X: x Y: 5 Z: 0
    もし rand = 2 なら
        ブロックを置く 桃色の羊毛 X: x Y: 5 Z: 0
    もし rand = 3 なら
        ブロックを置く 黄緑色の羊毛 X: x Y: 5 Z: 0
    x を 1 増やす
テレポート X: 0 Y: 6 Z: 0
チャットする 落ちずに最後まで残れ！
5 秒待つ
カウント に 0 をセット
カウント = 4 まで繰り返す
    rand に 0 から 4 までの乱数 をセット
    X: rand Y: 5 Z: 0 のブロックをゲット
    もし ゲットしたブロック名 ≠ 空気 なら
        1 秒待つ
        ブロックを置く 空気 X: rand Y: 5 Z: 0
        カウント を 1 増やす
プレイヤーの座標をゲット
もし プレイヤーの y 座標 > 5 なら
    チャットする クリアおめでとう！
でなければ
    チャットする 残念！もう一度チャレンジ！
```

← 選ばれた場所のブロックが
空気ではなければ、という
条件にする

そうか！「空気ではない」とい
う条件にすれば、どのブロック
を足場にしてもちゃんとプログ
ラムが動くんだ！

5 ドキドキサバイバルを作ろう！

> **コラム**

家具をプログラミングする

「モノのインターネット」で家具をプログラミング

　IoT（アイオーティー）という言葉を聞いたことがありますか？ IoT は "Internet of Things" の略で、日本語にすると「モノのインターネット」と言います。IoT のわかりやすい例として、「スマートホーム」があります。スマートホームとは、家中の家具がインターネットでつながりあって、スマートスピーカーに「おやすみ」としゃべりかけると部屋の電気が消えたり、帰る前にスマートフォンで家のエアコンをあらかじめつけておいたりできるテクノロジーのことです。

　著者の家はスマートホーム化していて、色々な動作をプログラミングしてあります。例えばスマートスピーカーに「おはよう」と言うと、今日の天気や最新のニュースを読み上げてくれて、この読み上げが終わった後はラジオ体操を流してくれます（笑）難しそうだと感じるかもしれませんが、ここまでのプログラミングができたなら、スマートホームもかんたんにプログラミングすることができますよ！

　スマートホームの他にも、着るだけで体調の変化を記録することができる服や、車の自動運転化の研究もニュースで取り上げられることが多いです。家電や服、車など、全てのものがインターネットにつながることで、どんどん生活が便利になってきています。

Chapter 6
クラウドファイティングを作ろう！

動画もチェック!!

今回作るのは、クラウドファイティングというゲームだよ！
パソコンが2台あればマルチプレイでも楽しめるゲームを作っていくよ！

階段を作ったり、ブロックを一気に100個置く方法を紹介するよ。
プログラミングを短く表示してミスを減らすこともできるよ。

STEP 1 | ゲームしょうかい「クラウドファイティング」

動画で確認

Chapter6で作るのは「クラウドファイティング」というゲームだ！
まずは、どんなゲームを作るのかイメージをふくらませるために、ゲームの内容を見てみよう。

「ゲームしょうかい：クラウドファイティング」

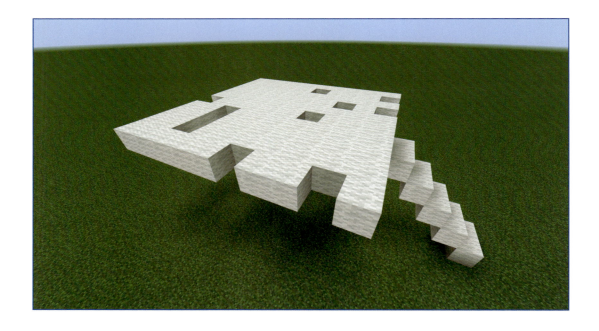

雲の上をぴょんぴょんしながら落ちないようにするゲームなんだね！
1人だけじゃなくて2人以上でも遊べるのは面白そう！

雲のようにブロックをたくさん置くにはどうしたらいいんだろう？

STEP 2 | 床を作るプログラム

100個のブロックをいっきに並べる

クラウドファイティングでは、空の上に四角形の足場があったね。今まで横一列にブロックを置いたことはあったけれど、このような床を作るプログラムはどうやって作ればいいんだろう。
この Step の内容はとても大事なので、動画を見て内容をバッチリ理解しよう！

1. まずは、横一列にブロックを置くプログラムを作ろう。【データ】で変数 x を作成して、【x に 0 をセット】、【10 回繰り返す】、【ブロックを置く】、【x を 1 増やす】の 4 つのパーツを組み合わせよう。

2. ブロックを置くパーツは、座標（x、0、0）としておけば、横一列にブロックを置くことができたね。

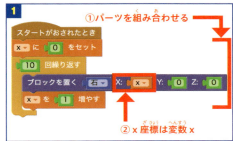

3. では、さらにおくにもう一列ブロックを置いてみよう。ブロックを置くパーツを複製して、座標を（x、0、1）として実行すると、二列目ができるね。

4 三列目、四列目も作れるね。ただ、この作業をもう少し簡単にやる方法はないかな。

5 十列目まで作ったプログラムをよく見ると、z座標は0から9まで順番になっているよ。z座標が0から9まで変わった後、x座標が1増えて、またz座標が0から9まで増えているね。これをもっと簡単なプログラムにしてみよう。

6 5の①の部分のプログラムを見ると、zが0から9まで変化しているね。この部分のプログラムは、新しく変数zを作れば短くできそうだね。

7 5で作ったプログラムのブロックを置くパーツを全て消して、代わりに6のプログラムを入れてみよう。x座標も変化させていきたいので、ブロックを置く座標は(x、0、z)としてみよう。

8 実行すると、ブロックが四角形に置かれたかな？
こんなに短いプログラムで四角形にブロックが置かれるひみつを、変数xとzの中身に注目しながら考えていこう。

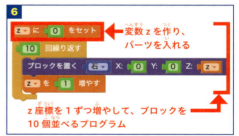

100

9 ブロックを置く座標は（x、0、z）。はじめは【xに0をセット】と【zに0をセット】が実行されるので、xもzも0から始まるよ。1回目の【ブロックを置く】が実行されて（0、0、0）にブロックが置かれるね。

10 次に、【zを1増やす】が実行されて、zが1になるよ。内側で繰り返されるので、次に実行されるのは【ブロックを置く】だよ。2回目に置かれるのは（0、0、1）だね。さらに【zを1増やす】が実行されるので、zが2になり、次の【ブロックを置く】が実行されるよ。

11 内側を10回繰り返して、zが9の場所にブロックが置かれたあとは、【xを1増やす】と【zに0をセット】が実行されるので、11回目は（1、0、0）となるんだ。そして、内側の【10回繰り返す】を合計10回繰り返すことによって、100箇所にブロックが置かれるよ。

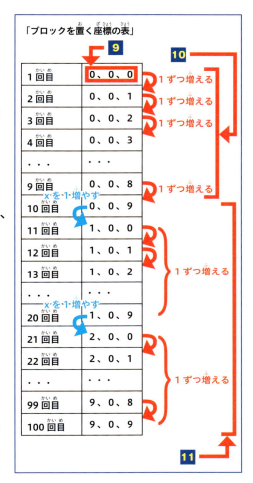

ポイント このように繰り返しの中に繰り返しを入れたプログラムのことを「二重ループ」と呼んでいるよ。

STEP 3 | 階段を作るプログラム

高さを変えてブロックを置く

続いて、階段を作るプログラムを作ってみるよ。マイクラのキャラクターが登れるのは1ブロックなので、高さを1ブロックずつ変えてブロックを置けばよさそうだね。

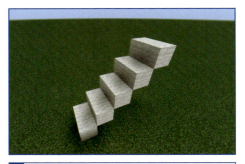

1. 高さを変えるために、【データ】から新しく変数 y を作成しておこう。ただ、y 座標だけを変えても柱ができてしまうだけなので、今回は x 座標も同時に変えてみよう。

【データ】→【変数の作成…】で、新しい変数【y】をつくる

2. Step2 のプログラムを一度はずしておいて、【スタートがおされたとき】の下に【x に 0 をセット】【y に 0 をセット】を入れて、さらに【5 回繰り返す】をつけておこう。

3. 繰り返しの中に、ブロックを置くパーツと【x を 1 増やす】【y を 1 増やす】を入れよう。ブロックを置くパーツの座標は（x、y、0）としておこう。

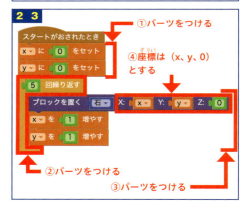

①パーツをつける
②パーツをつける
③パーツをつける
④座標は（x、y、0）とする

新しいステップに移る前は【周囲をリセット】ボタンをおすとよいよ。

4 実行すれば、階段ができるよ。Step2の床では二重ループを使ったけれど、階段はひとつのループでできるんだね。

5 床と階段のプログラムを合わせて、雲の足場とそこまで上る階段にしていこう。階段をx座標0から5段組み立てると、階段は（4、4、0）までブロックが置かれるね。だから、床はx座標5、y座標5の部分から作り始めることにしよう。

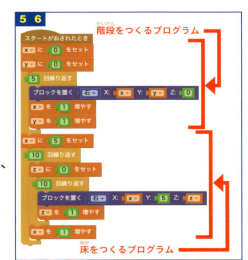

6 床を作るプログラムの【xに0をセット】を【xに5をセット】と書きかえて、さらにブロックを置くパーツの座標も（x、5、z）としておこう。

7 実行すると、空中へ続く階段がうまくできたね。ただ、位置がすみになっていて格好が悪いので、真ん中2ブロックの部分に階段ができるようにしておこう。

8 真ん中に階段を置くには、階段を作るz座標を4と5にしておこう。このタイミングで、置くブロックも白色の羊毛などの雲に似たブロックに変えよう。

STEP 4 | 関数にまとめよう

プログラムを短くする

ここからさらに他のプログラムも追加をしていくけれど、プログラムが増えてくると、どの部分がどこを作っているのかわかりづらくなってくるね。そこで、それぞれのプログラムの役割が分かりやすいように「関数」を使っていくよ。

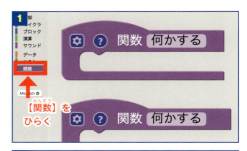

1. まず【関数】から【関数何かする】のパーツを持ってくるよ。「何かする」の部分には名前をつけることができるので、「階段を作る」と入力しておこう。

2. これで関数「階段を作る」ができたので、先ほど作った階段を作るプログラムをこの中に入れておこう。

3. 同じように、関数「足場を作る」を作成しよう。先ほど作った床を作るプログラムをこの中に入れておこう。

4 このまま実行しても何も起きないよ。今は【スタートがおされたとき】になにもプログラムがつながっていないからだね。ここでもう一度【関数】を開くと、自分で名前をつけた【階段を作る】と【足場を作る】のパーツができている！

5 この【階段を作る】と【足場を作る】を【スタートがおされたとき】につなげて【周囲をリセット】をおして実行してみよう。こうすることで、階段を作るプログラムも足場を作るプログラムもうまく動いたね。

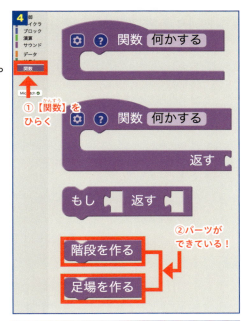

ポイント
関数にまとめると、そのプログラムがなんのプログラムなのかが分かりやすくなるんだ。例えば、階段がうまく作られなくなってしまった時には、まず関数「階段を作る」を確認すればいいよね。そもそもプログラムを短く分割できるから、ミスが起こりにくくなるという効果もあるよ。

6 クラウドファイティングを作ろう！

複雑なゲームを作る時に活躍しそうだね！

105

STEP 5 | 床を消す関数を作ろう

関数を組み合わせる

さっそく、関数を使って新しいプログラムを作っていこう！　作りたいのは、1秒ごとに足場を消していくプログラムだ。

1　関数「足場を消す」を作成しよう。このプログラムは、ゲームがスタートしたら1秒ごとに実行されるようにしたいので、【スタートがおされたとき】のプログラムの下に【ずっと】をつなげて、内側に【足場を消す】【1秒待つ】を入れておこう。

2　関数「足場を消す」の中身をプログラミングしていくよ。まずはどの部分の足場を消すかを決めるために、乱数を使おう。乱数を記憶しておくための変数を作るけれど、今回はChapter5のような横一列の足場ではなく、横（x方向）と縦（z方向）にのびている足場だよ。作る変数は「randX」と「randZ」の2つとしておこう。randXには消したい足場のx座標を、randZにはz座標をセットするよ。

[3] ランダムな場所を消したいので乱数を使うけれど、その範囲はどうすればいいだろう？ 足場のz座標の範囲は0〜9なので、randZには0〜9までの乱数をセットすればいいね。一方x座標は階段の部分があるので、5〜14が足場のあるx座標の範囲ということになるね。

[4] あとは、決めた乱数の場所に空気ブロックを置けば、足場が消えていくようになりそうだね。空気ブロックを座標（randX、5、randZ）に置くパーツを作ってつなげておこう。

[5] 実行すると、1秒ごとに足場のどこかに穴が空いていくね。これが基本的なプログラムだよ。改善できる部分はたくさんあるけれど、まずは次へと進んでいこう。

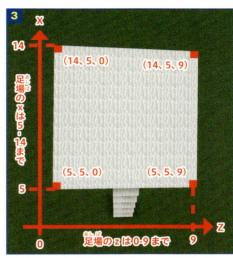

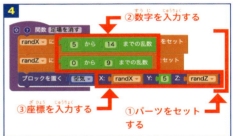

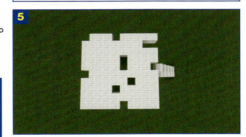

ポイント 実行していると、この時点で直したい部分がいくつか見つかるね！今までの知識を使って改善できる部分は「練習問題」で出題しているよ！

6 クラウドファイティングを作ろう！

最後の1ブロックまで残るのはたいへんそう・・・

STEP 6 | ゲームを完成させよう

条件をつける

ゲームの仕組みはプログラミングすることができたので、ここからはスタートやクリアの条件を作っていこう。

1 今はスタートボタンをおすとすぐに足場が消え始めてしまうので、階段を上る時間やルール説明をするプログラムを加えよう。【チャットする】や【10秒待つ】といったパーツを使って自分なりに作ってみよう。

2 プログラムの中で【ずっと】を使っているとプログラムが終わらなくなってしまうので、【〜まで繰り返す】に変えておこう。今回は1分間落ちずにいたらクリアということにしよう。タイマーを使って繰り返し条件を作ろう。

3 繰り返しが終わった後は、プレイヤーのいる場所によってクリアできたかどうかを判定しよう。プレイヤーの座標をゲットしたあとに、プレイヤーのy座標で判断すればいいね。

1

```
スタートがおされたとき
階段を作る
足場を作る
チャットする  『階段を上ってステージまで行こう！』
チャットする  『ステージから落ちなければクリアだよ！』
テレポート  X: -2  Y: 0  Z: 4
10 秒待つ
チャットする  『ゲームスタート！』
ずっと
  足場を消す
  1 秒待つ
```

パーツを加える

2

```
スタートがおされたとき
階段を作る
足場を作る
チャットする  『階段を上ってステージまで行こう！』
チャットする  『ステージから落ちなければクリアだよ！』
テレポート  X: -2  Y: 0  Z: 4
10 秒待つ
チャットする  『ゲームスタート！』
タイマーをリセット
タイマー ≥ 60 まで繰り返す
  足場を消す
  1 秒待つ
```

②パーツを加える
①パーツを変える

3

```
タイマー ≥ 60 まで繰り返す
  足場を消す
  1 秒待つ
プレイヤーの座標をゲット
もし  プレイヤーの y 座標 ≥ 6  なら
  チャットする  『クリアおめでとう！』
でなければ
  チャットする  『もう一度チャレンジ！』
```

クリア判定をつける

4 ここまでできたら、プログラムを実行してうまく動作するかを確かめよう。1分後にステージに残っていたら「おめでとう」、落ちていたら「もう一度」のチャットが出たかな。

5 さらに、【足場を消す】が実行されるタイミングを、1秒おきではなく半分の0.5秒おきにして実行してみたり、3秒に1回足場を5つ消すプログラムにしてみたりしながら、このプログラムの改善点を考えてみよう。

秒数を変えてみよう

ここまでやってきたような、プログラムの問題点「バグ」を探して改善していくことを「デバッグ」と呼ぶよ。これは、ゲームやアプリを作っている人も実際にやっている作業なんだ。いいゲーム・アプリを作っていくためには欠かせない作業だよ。

プログラムのバグや改善点は見つかったかな？　これからはそのような部分を直していくよ！

階段があると、落ちてもまた上れちゃうよね。

練習問題1　関数「階段を消す」を作ろう

今のプログラムのままだと、一度足場から落ちてしまっても階段を上ればもう一度チャレンジができてしまうね。そこで、スタートしたら階段が消えるようにプログラミングしてみよう。

1 関数「階段を消す」を作ってみよう。階段を消すには、階段のブロックが置いてある場所と同じ座標に「空気」を置けばよかったね。

2 関数ができたら、【階段を消す】をプログラムの適切な場所に入れよう。スタートした直後に消すにはどこに入れるのがいいかな？

ポイント
実は階段を消すプログラムは、階段を作るプログラムとほぼ同じプログラムで作れるんだ。
階段を作るプログラムをコピーして、一部分だけ変えればできるよ。考えてみよう。

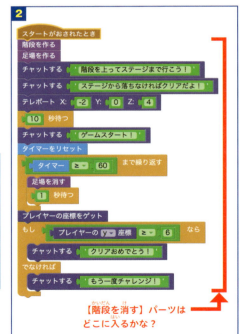

わかっちゃえば簡単だね！答えは120ページだよ。

練習問題2　ステージに上がったらゲームがスタートするようにしよう

次の練習問題は、スタートのタイミングの変更だよ。今はスタートボタンをおしてから10秒後にゲームがスタートするけど、これをプレイヤーがステージに上がった瞬間に変えてみよう。

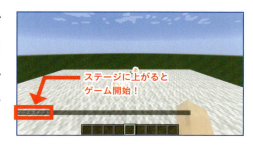

1. プレイヤーがステージに上がるときに、プレイヤーの座標はどのように変化するか考えてプログラムを作ってみよう。

2. 【〜まで繰り返す】と【プレイヤーの座標をゲット】などのパーツを使うとうまくいくよ。条件はどのようにすればいいか考えて、何度か実行しながらうまくいく条件を探ってみよう。

うまくいく方法はいくつもあるから、テキストに書いてある方法以外で作ってももちろんOK！

y座標を使う方法、x座標とz座標を組み合わせて使う方法などが考えられそうだね。
答えは121ページだよ！

カスタマイズ例1
足場が必ず消えるようにしよう

いまの【足場を消す】プログラムでは、足場が消えないことがあるんだ。それは、すでに足場が消えている座標が選ばれた場合に起こるよ。プログラムを毎回ブロックが消えるようにしよう。

1. 変更するには、座標（randX、5、randZ）にあるブロックによってプログラムの動きを変えればいいね。

2. 今回は新しく変数「スイッチ」を作ろう。これは照明のスイッチと同じように、オンとオフがあるものだと考えてね。プログラミングでは、はじめは「オフ」にしておいて、なにか条件を満たしたときにスイッチを「オン」にするというプログラムをつくることがあるよ。

3. 関数「足場を消す」の、ブロックを置くパーツの上に【〜まで繰り返す】を入れて、さらにその上に【スイッチに'オフ'をセット】のパーツを入れよう。【' '】のパーツは【演算】にあるよ。

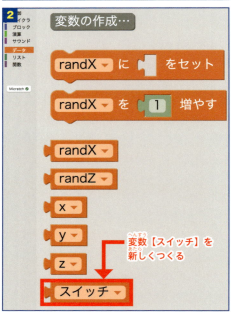

112

4 繰り返し条件を【スイッチ＝'オン'】と変えたら、上にあった【randXに乱数をセット】【randZに乱数をセット】のパーツを、繰り返しの中に入れておこう。これで、スイッチがオンになるまでずっと乱数を取得するプログラムになったよ。

5 さらに乱数を取得した後に【ブロックをゲット】のパーツを入れて、取得した乱数の座標（randX、5、randZ）にあるブロック情報をゲットしよう。その下に【もしゲットしたブロック名 ≠ 空気なら】のパーツを入れて、取得した乱数の座標にあるブロックが空気ブロックではなければ、スイッチをオンにするプログラムに変えよう。

6 これで、空気ではないときだけスイッチがオンになって、空気を置くパーツが実行されるようになるので、だいたい1秒ごとに必ず足場が消えるようになったかな。

4
①条件を入れる
②パーツを移動する

5
②座標を入れる
①パーツを入れる
③パーツを入れる

6 クラウドファイティングを作ろう！

「≠」の意味は覚えていたかな？　左と右が等しくないという意味だったね！

113

カスタマイズ例2
足場を一列消す関数を作ろう

足場の消え方にも種類を増やしてみよう。まずは横に一列どんどん足場が消えていくような関数を作ってみよう。

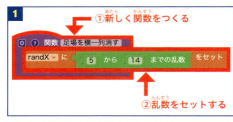

1. 新しく関数「足場を横一列消す」を作ろう。今のステージの大きさは10ブロック×10ブロックなので、横一列ブロックを消すとしたら、その組み合わせは10通り。x座標がいくつの列が消えるかという乱数を作る必要がありそうだね。ここでは randX に 5 から 14 までの乱数を入れておこう。

2. 一列にブロックを置く方法は、今までに何度も作っているので分かるね。変数を1種類使って、ブロックを置くパーツと変数を1増やすパーツを繰り返せばいいね。

3. 一列にブロックを置く方法は、【10回繰り返す】をつなげて、中に空気ブロックを置くパーツを入れよう。このパーツの座標の部分に何が入るかさえ分かればこの関数は完成するよ。

114

4 空気を置くパーツの座標は、それぞれ（randX、5、z）としよう。まずx座標には、どの列を消すかを乱数で決めた値を入れるので、空気を置くx座標に入れるのはrandXだね。y座標は、高さ5にステージを作っているから5でいいね。z座標は、繰り返しの中で変化させていくから変数zを使って、繰り返しの前に【zに0をセット】、ブロックを置いた直後に【zを1増やす】のパーツをそれぞれ入れておく必要があるね。

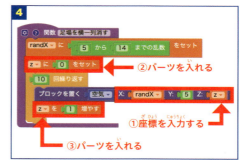

5 うまく実行されるか確かめるために、【スタートがおされたとき】の【足場を消す】を、今作った【足場を横一列消す】と入れかえて実行しよう。実行すると、すごい勢いで足場が消えて、1分後には何も残らないね。これではゲームにならないので、さらに実行方法を考えてみよう。

6 【スタートがおされたとき】の足場を消す命令を送る部分のプログラムを工夫して、「普段は1つずつ足場が消えて、たまに横一列の足場が一気に消える」というプログラムに変えてみよう。

どうすればいいかわからないときもまずは試してみよう！やってみるとわかることもあるかもしれないね！

7 具体的には、足場を消す時に【足場を消す】と【足場を横一列消す】のどちらかがランダムで実行されるようにして、さらに【足場を横一列消す】が実行される頻度は少なくすればいいね。これを実現するためには、Chapter5 の Step4 で作ったおみくじのプログラムのような仕組みを使えばいいね！

8 新しく変数「rand」を作成して、rand の値によって実行される関数を変えよう。プログラムを追加するのは【スタートがおされたとき】の繰り返しの中だね。この図では、1 から 10 までの乱数をセットして、1 が出たら【足場を横一列消す】を、2 以上が出たら【足場を消す】を実行させているよ。

9 実行すると、たまに横一列足場が消えるようになったね。ただ、横一列消えるときに、一気に 10 ブロック消えてしまうと避けようがないよね。1 ブロックずつ横に消えていくように関数「足場を横一列消す」を変えてみよう。【0.1 秒待つ】を繰り返しの中に入れればいいね。

①乱数をセットする
②条件を設定する

パーツを入れる

カスタマイズ例3
レベルを実装しよう

レベル1からレベル3を作ろう。レベル1はクリアするのが簡単だけれど、レベル3はとても足場が消えるのが速くて残る足場も少ないといった具合にしてみよう。

1. まずはレベルごとに変化させる部分を考えよう。例えば、足場が1つ消えてから次の足場が消えるまでの時間、足場の数や配置などを変化させてみよう。今回は足場が消えるまでの時間を変化させる手順をやってみよう。

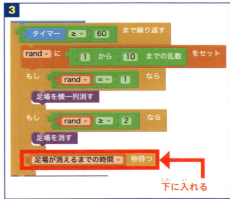

2. 下準備として変数を作るよ。変数名は分かりやすいものがいいので、シンプルに「足場が消えるまでの時間」としよう。

3. 【足場を消す】などが実行されたあと、今までは【1秒待つ】だった部分を【足場が消えるまでの時間秒待つ】と変更しておけば準備完了！

4 レベルは挑戦者に選んでもらう必要があるね。今回は、階段を3つ作って、どの階段を上るかでレベルを選べるようにしよう。あくまで例ですが、今回は左の階段がレベル1、真ん中はレベル2、右はレベル3として作っていこう。

5 階段を作るプログラムを変えて、3つの階段ができるようにしておこう。階段を消すプログラムを作っている場合は同様に変更しておこう。

6 【スタートがおされたとき】のプログラムを変更するよ。テレポートさせたあと、プレイヤーのy座標が6以上になるまで待つプログラムを入れておこう。このChapterの練習問題2のプログラムだよ。その直後に、プレイヤーのz座標によって「足場が消えるまでの時間」の値を変更するプログラムを入れよう。どのレベルでスタートするのか、一緒にチャットを入れておくと分かりやすいね。レベル選択についてもはじめにチャットで説明を入れておくといいね！

① y座標が6以上になるまで待つパーツを入れる

② レベルを分けるプログラムを追加する

ステージの形を変えたり、格子状にしておくとスリリングかも！

Chapter6 のまとめ

▼ クラウドファイティングのプログラム

繰り返しパーツの中にさらに繰り返しパーツを入れて、一気にたくさんのブロックを置いたり、関数を使ってプログラムを短くしたりしたね。

```
スタートがおされたとき
階段を作る
足場を作る
チャットする 「階段を上ってステージまで行こう！」
チャットする 「ステージから落ちなければクリアだよ！」
テレポート X: -2  Y: 0  Z: 4
10 秒待つ
チャットする 「ゲームスタート！」
タイマーをリセット
タイマー ≥ 60 まで繰り返す
    足場を消す
    1 秒待つ
プレイヤーの座標をゲット
もし プレイヤーの y 座標 ≥ 6 なら
    チャットする 「クリアおめでとう！」
でなければ
    チャットする 「もう一度チャレンジ！」
```

関数をつくり、プログラムを短くまとめた

6 クラウドファイティングを作ろう！

119

練習問題1 「関数『階段を消す』を作ろう」の答え

関数「階段を作る」をコピーして【白色の羊毛】パーツを【空気】パーツに入れ替えよう。【空気】パーツを置けば階段が消えていくね。

【空気】パーツに変える

スタートした直後に消すには【タイマーをリセット】パーツの上に入れよう。

パーツを入れる

練習問題2「ステージに上がったらゲームがスタートするようにしよう」の答え

プレイヤーがステージに上がった瞬間にゲームがスタートするには、プレイヤーがステージに上がるまで、プレイヤーの座標をゲットし続けなければならないね。だから、プレイヤーのy座標が6以上になるまで、プレイヤーの座標をゲットし、もし、6以上になれば、ゲームがスタートし、階段が消え、タイマーが発動するというプログラムを作ろう。

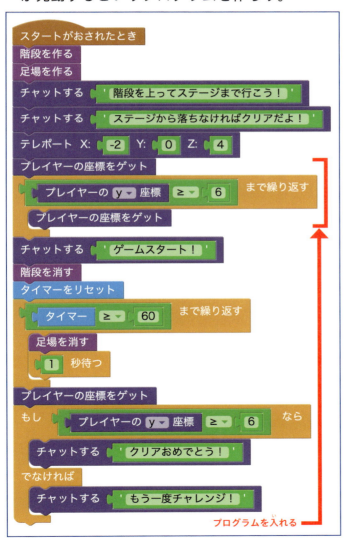

コラム

ITの知識は必ず役に立つ

タイピングやパソコンの操作が必須技能

　これからの学校生活で大きく変化することのひとつに、筆記試験ではなくパソコンを使った試験になっていくことがあります。試験の答えがわかっても、キーボードで正確に文字を入力できなければ、まちがいになったり、時間切れになってしまったりすることもあるかもしれません。

　プログラミングを学習することで、パソコンを扱う能力も育んでいくことができると期待されています。将来プログラミングをする職業につく・つかないに関わらず、必ず役に立つ力が身についていきますので、ぜひ楽しみながらも自分が成長していると思って学習してみてください。

パソコンをうまく操作できたり、キーボードで早く文字が打てるのってなんだかかっこいいね

Chapter 7

TNTパニックを作ろう！

動画もチェック!!

Chapter7では
マイクラ世界の爆弾ブロック、
TNTが登場！
たくさんTNTが降ってくる部屋から
脱出せよ！

どうやって建物を作ったのかな？
爆弾が上からランダムに降ってくるけど、どうやってしかければいいんだろう？

STEP 1 | ゲームしょうかい「TNTパニック」

動画で確認

Chapter7では「TNTパニック」というゲームを作っていくよ。
まずは、どんなゲームを作るのかイメージをふくらませるために、ゲームの内容を見てみよう。

「ゲームしょうかい：TNTパニック」

TNTを避けながら謎解きをしていくゲームだね！
入口から入ったら閉じ込められて、かくしボタンを見つけることで出口が開くプログラムになっていたね。

TNTが使えるんだ！やった！

STEP 2 | 床と天井を作るプログラム

■ 二重ループでブロックを地と天に並べる

まずは建物から作っていこう。TNTでこわれないように、建物は岩盤ブロックを使って作っていこう。

1 関数「床と天井を作る」を作成しよう。床を作るプログラムは、Chapter6で作成したね。これは二重ループを使えば作ることができたよ。一辺15ブロックの正方形をy座標が−1の部分に置こう。岩盤は空気ブロックから選べるよ。

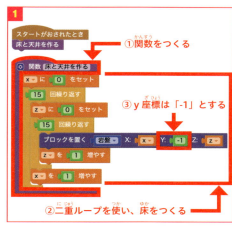

①関数をつくる
③y座標は「-1」とする
②二重ループを使い、床をつくる

2 さらに、y座標が15の部分にもブロックを置いて、天井を作るよ。天井まで岩盤にしてしまうと暗くなってしまうので、天井のブロックは好きな色のガラスを置いておこう。ブロックを置くパーツを複製して、置くブロックとy座標を変えればいいね。

②y座標は「15」とする
①天井をつくるパーツを入れる

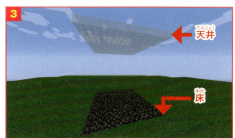

天井
床

3 【スタートがおされたとき】に【床と天井を作る】をつなげて実行すると、地面と同じ高さに岩盤が、空中にガラスが設置されたかな。

> **ポイント** ここまでは、今までの復習だね！かんたんだったかな？

STEP 3 | 壁を作るプログラム

二重ループでブロックを四方に並べる

次は、壁を作るプログラムを作ってみよう。壁といっても、ひとつの建物には4つの壁があるね。これらをうまく作る方法を考えてみよう。

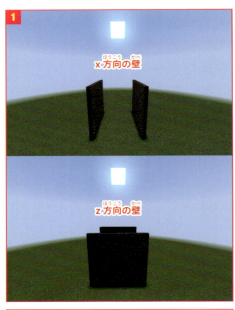

1. 壁を作るには、床を作るのと同じようにブロックを面で置く必要があるね。4つの壁はx座標が増えていく方向の壁と、z座標が増えていく方向の壁がそれぞれ2つずつ必要だね。右の図の上がx方向の壁、下の図がz方向の壁だよ。

2. まずはx方向の壁から作ってみよう。関数「x方向の壁を作る」を作って、変数xと変数yを用意しておこう。あとは床を作った時と同じように二重ループでブロックを置いていくプログラムを作るよ。ブロックを置くパーツで指定する座標は（x、y、0）としよう。

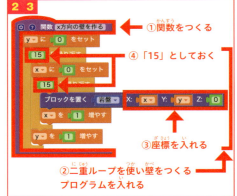

3. 【スタートがおされたとき】にこの【x方向の壁を作る】だけをつなげて実行すると、x方向に壁が1枚生成されたね。繰り返しの回数を変えれば生成される壁の大きさも変えることができるので、一辺の長さが15ブロックの正方形になるようにしておこう。

4 続いてz方向の壁も作っていこう。関数「x方向の壁を作る」の一番上を右クリックして「複製」を選択し、すべてをコピーしたら、名前を「z方向の壁を作る」としておこう。あとは、プログラムで用いているxをzに変えておこう。ブロックを置くパーツで指定する座標は（0、y、z）としよう。

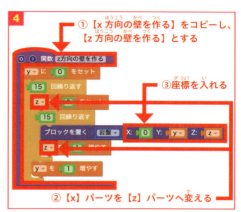

5 【スタートがおされたとき】に【x方向の壁を作る】【z方向の壁を作る】をつなげて実行すると、図のように、作りたい壁のうち半分が生成されるよ。壁を完成させるには、それぞれ反対側にも同じ壁を生成すればいいね。

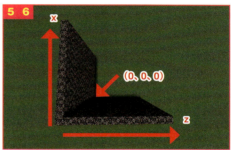

6 x方向の壁から作っていこう。図では向かって上にxが、右側に向かってzが増えるようになっていくよ。今は左端のz座標が0のところから壁を作っているので、今度は右端から壁を作りたいね。右端のz座標はいくつかな。

z座標は15ではないことに注意しよう！

7 z座標が0のところから15ブロック置いているので、右端はz座標が14となるよ。ではz座標が14のところにもx方向の壁を生成しよう。

8 関数「x方向の壁を作る」のブロックを置くパーツを複製して、岩盤を座標（x、y、14）に置く命令を入れておこう。

9 同様に、z方向の壁についても考えてみよう。x座標が0の部分にはすでに壁を作っているので、新たにxが14の部分に壁を生成すればいいね。岩盤を座標（14、y、z）に置く命令を追加しておこう。

10 これで壁を4つ作るプログラムが完成したので、床と天井を作るプログラムと合わせて実行してみよう。うまく立方体の建物ができたかな。

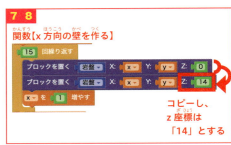

コピーし、z座標は「14」とする

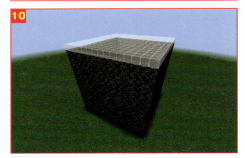

コピーし、x座標は「14」とする

ポイント

床と天井、そして壁を作るプログラムを一緒に実行することで、このように建物を作ることができたね。高さや大きさを変えるときには、壁と壁がしっかりくっつくように座標をよく考えよう。

背の高い建物にするならy座標が大きくなるようにすればいいんだね！

STEP 4 | TNTを降らせるプログラム

■ 上からランダムにブロックを降らせる

いよいよTNTを使ったプログラムを作っていくよ！

1. 建物の中のどこかにTNTを降らせる関数をプログラミングしてみよう。岩盤ブロックを使ったので、爆発しても壊れないよ。まずは関数【TNTを降らせる】を作成しよう。

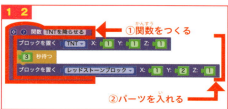

2. TNTを爆発させるにはレッドストーン動力が必要だよ。マイクラッチでは【レッドストーンブロック】を隣に置くことでTNTを点火させるよ。試しにTNTを座標（1、1、1）に、レッドストーンブロックを座標（1、2、1）に置こう。間に【3秒待つ】のパーツを入れると動作が分かりやすいよ。確認するときは建物の中にテレポートしよう。

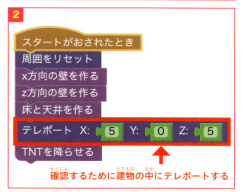

確認するために建物の中にテレポートする

3. 【スタートがおされたとき】に【TNTを降らせる】をつなげて実行すると、TNTが設置されたあと、レッドストーンブロックが置かれた瞬間にTNTが白く点滅して、数秒後に爆発を起こしたね！　これがTNTの爆発のさせ方だ。

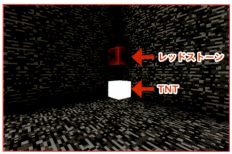

4 さらにここからは、TNTが上から降ってくるようにしていくよ。TNTは点火すると下に落ちてくるので、この建物の上の方で点火してわざと落とせばいいね。まずはTNTのy座標を13に、レッドストーンブロックを14にしておこう。

5 実際に試してみると、TNTはうまく落ちてきて爆発するけれど、レッドストーンブロックが空中に残ってカッコ悪いね。TNTを着火した後に空気を置いてレッドストーンブロックは消えるようにしよう。

6 次は降ってくる場所をランダムにしてみよう。建物の中であればどこでも降ってくるようにしたいね。新しく変数「randX」「randZ」を作ろう。床を作った範囲は0～14の範囲だけれど、0と14には壁が生成されているので、0と14にはTNTを降らすことはできないね。だから乱数、xとzの範囲は1～13にしよう。

7 関数ができたら、【スタートがおされたとき】のプログラムを変更して、TNTが全体に降ってくるか確認してみよう。

STEP 5 | 脱出のギミックを作ろう

■ スイッチを使ってしかけをつくる

TNTを降らせるプログラムができたけど、このままだとゲームになっていないね。ここからはゲームクリアするための条件を作っていくよ。

1 今のままでは、ずっとTNTが上から降りつづけてきて、ゲームに終わりがないよね。そこで、「ドアを開けるかくしボタンがある」という設定で、ある座標に行くと扉が開くようにプログラミングしてみよう。まずはチャットでルールを説明しよう。

2 変数「スイッチ」を作成し、プログラムの続きに【スイッチに'オフ'をセット】をつなげよう。さらにその下に【スイッチ＝'オン'まで繰り返す】をつなげよう。

3 繰り返しの中には、かくしボタンを見つけたときに【スイッチに'オン'をセット】の命令が実行されるようにプログラミングしたいね。そのために、あらかじめかくしボタンの場所を決めておこう。「ボタンX」「ボタンZ」のような変数を作って、1から13までの乱数をセットしておけばいいね！

4 変数をセットしたら、プレイヤーがかくしボタンの座標に来るまで【プレイヤーの座標をゲット】を繰り返し実行して、その上に来たら【スイッチに'オン'をセット】が実行されてプログラムが終わるようにしよう。【□かつ□】を使って、【プレイヤーのx座標＝ボタンX】と【プレイヤーのz座標＝ボタンZ】を左右に入れればいいね。

5 繰り返しをぬけたら、壁に空気ブロックを置いて出口を作ろう。説明のチャットも加えると分かりやすくなるね。

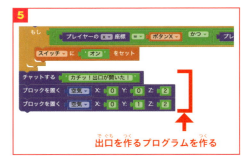

出口を作るプログラムを作る

6 実行して動き回っていると、チャットが出て出口が開くことが確認できたかな？でもこのままではTNTが降ってこないね。

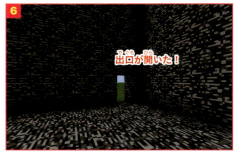

7 【TNTを降らせる】を繰り返しの中の【プレイヤーの座標をゲット】の前に追加しよう。ただしそのまま実行すると、とんでもない数のTNTが落ちてきて、ゲームどころではないよ！【3秒待つ】などのパーツを入れると、TNTは1つずつ落ちてくるようになるけど、3秒待っている間はかくしボタンの座標に来たかどうかの判定ができなくなってしまうよ。

8 TNTを3秒に1つ降らせながら、ずっとかくしボタンの判定を行うには、【制御】の【タイマー】を活用するよ。【TNTを降らせる】の直後に【タイマーをリセット】を入れて、さらにその下に【タイマー≧3まで繰り返す】を入れよう。

9 実行すると、正しく動くことが確認できるかな。もしかくしボタンの座標が見つからない場合には、【ブロックを置く】パーツを使って、かくしボタンの座標に目印としてブロックを置いてみよう。

クリエイティブモードだとかんたんだけど…

STEP 6 | ゲームを完成させよう

しかけを付け加える

ゲームのプログラムはだいたい完成したので、あとはゲーム全体の流れを作っていこう。今のプログラムでは、とうとつにゲームが始まってしまうので、まずは建物の前にテレポートさせて、プレイヤーが建物に入るところから作り始めよう。

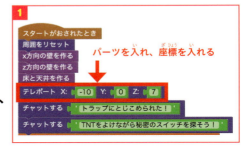

パーツを入れ、座標を入れる

1 建物を作る命令の下に、【テレポート】のパーツを入れよう。座標は（-10、0、7）あたりにして、この建物全体が見えるような位置にプレイヤーをテレポートさせよう。

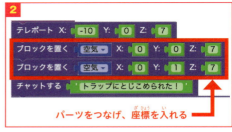

パーツをつなげ、座標を入れる

2 今は建物に入口がないので、テレポートさせた場所の正面の壁に空気ブロックを置いて、入口を作ろう。

パーツを入れ、条件を入れる

3 さらにその下に、プレイヤーが入口から建物に入るまで待つプログラムを入れよう。入口の座標は（0、0、7）として、左右は壁になっているので、入口から中に入るときには、必ず座標（1、0、7）を通るよね。そこで、この座標に来るまで待って、この座標を通ったらプログラムの続きが実行されるようにしよう。

4 このままだと入口が開いたままになってしまうので、「トラップにとじこめられた！」のチャットをする前に扉を岩盤でうめておこう。

5 これでプログラムは一通り完成だ！ ゲームをスタートするときに、ゲームモードをサバイバル、ゲーム難易度をイージー以上に変えておこう。クリエイティブモードのままであったり、サバイバルモードでもゲーム難易度がピースフルだったりすると、TNTのダメージを受けないので、ゲームの緊張感がなくなってしまうよ。

ポイント

ゲームモードやゲーム難易度を変えるには、マイクラでTをおしてチャットを開いたあとに、次のコマンドを入力しよう！

・ゲームモードをサバイバルモードにする
/gamemode 0
・ゲームモードをクリエイティブモードにする
/gamemode 1
・ゲーム難易度をピースフルにする
/difficulty p
・ゲーム難易度をイージーにする
/difficulty e
・ゲーム難易度をハードにする
/difficulty h

カスタマイズ例 1

ギミックを増やそう

かくしボタンがひとつでは、運がいいとすぐにゲームをクリアしてしまうよ。そこで、かくしボタンを増やしてゲームを少し難しくしてみよう。実はかくしボタンを増やすのは簡単だよ。かくしボタンの位置を変えて、もう一度同じプログラムを動かせばいいだけだよ。

1 【ボタン X に乱数をセット】から、「出口が開いた」とチャットするパーツまでを【2 回繰り返す】で全て囲んでしまおう。

2 1 回目の繰り返しでは出口は開かないので、チャットの内容を「1 つ目のロックが解除された！」のようにしてみよう。もちろん、2 回目は「2 つ目のロックが解除された！」としたいので、変数を使って実現してみよう。

3 新しく変数「カウント」を作成して、はじめに【カウントに 0 をセット】を入れておこう。

1

チャットする 「トラップにとじこめられた！」
チャットする 「TNTをよけながら秘密のスイッチを探そう！」
2 回繰り返す ← パーツを入れる
　ボタンX に 1 から 13 までの乱数 をセット
　ボタンZ に 1 から 13 までの乱数 をセット
　スイッチ に 'オフ' をセット
　スイッチ = 'オン' まで繰り返す
　　TNTを降らせる
　　タイマーをリセット
　　タイマー ≥ 3 まで繰り返す
　　　プレイヤーの座標をゲット
　　　もし
　　　　プレイヤーの X 座標 = ボタンX かつ プレイヤー
　　　　　スイッチ に 'オン' をセット
チャットする 「カチッ！出口が開いた！」
ブロックを置く 石 X: 0 Y: 0 Z: 2
ブロックを置く 石 X: 0 Y: 1 Z: 2

3

チャットする 「トラップにとじこめられた！」
チャットする 「TNTをよけながら秘密のスイッチを探そう！」
カウント に 0 をセット ← 新しく変数を作成し、パーツを入れる
2 回繰り返す

4 1つ目のロックが解除されたら、【カウントを1増やす】を実行し、【演算】の【'ハロー'と'ワールド'】を使ってチャットの内容を「【カウント】'つ目のロックが解除された！'」としておこう。

5 これで実行してみると、かくしボタンを1つ見つけてもまだ出口は開いてくれずに、2つ目も見つけてはじめて出口が開くようになるよ。

6 繰り返しの数字を2から3やそれ以上の数字に変えることで、もっとかくしボタンを見つけなくてはいけなくなるので、どんどん大変になってくるよ。数を増やす場合には、チャットで「近い！」とか「遠ざかった！」とか、プレイ中にヒントを言うようにプログラミングするといいね。

4
①パーツを入れる
②パーツを入れ、チャット内容を入力する

7 TNTパニックを作ろう！

ポイント
ひとにゲームを楽しんでもらうには、かんたんすぎてもやりがいがないし、難しすぎても面白さが減ってしまう。難易度を考えるのは難しいね。

どうすれば面白くなるかプレイしてもらった人に意見を聞くのもいいね！

> カスタマイズ例2

時間切れを作ろう

せっかくTNTを降らせる関数を作ったので、派手に使える要素も追加しておこう。1分間のうちにかくしボタンを見つけられなかった場合には、時間切れのゲームオーバーということで、たくさんのTNTが降ってくるようにしてみよう。Step6で作ったプログラムから作ってみるよ。

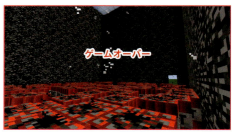

1 タイマーはすでに使ってしまっているので、新しく変数を作ってカウントしていこう。例えば「タイムリミット」という変数を作ろう。

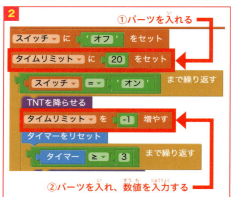

2 TNTは3秒おきに落ちているので、TNTが20個落ちたら1分経過したことになるね。そこで、はじめに【タイムリミットに20をセット】のパーツを実行しておいて、TNTを降らせるごとに【タイムリミットを-1増やす】のパーツを実行しよう。-1増やすということは、1減らすのと同じだね。

3 時間切れの処理は関数で作りたいので、新しく関数「時間切れの処理をする」を作っておこう。

4 タイムリミットを1減らす前に、【もしタイムリミット＝0なら】を入れて、条件を満たしたときに【時間切れの処理をする】を実行するようにしよう。

5 関数「時間切れの処理をする」では、チャットで時間切れを伝えつつ、たくさん【TNTを降らせる】関数を実行して、TNTをよけられないようにしよう。【スイッチに'オン'をセット】の命令を入れておくことによって、プログラムが終わるようにしておこう。

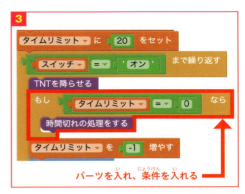
パーツを入れ、条件を入れる

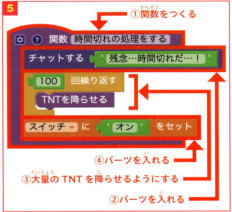
①関数をつくる
②パーツを入れる
③大量のTNTを降らせるようにする
④パーツを入れる

ポイント
ここまで学んできたプログラミングの方法で、今までのプログラムをカスタマイズすることもできるね！
プログラムの例をもとにして、自分でプログラムが作れるようになると楽しいぞ！

次がいよいよ最後のChapterだね！
ワクワク！

Chapter7 のまとめ

▼ TNT パニックのプログラム

Chapter7 では、二重ループを使って建物を作ったり、乱数を使ってランダムな場所に TNT を降らせたりしたね。さらに、乱数を2つ使うことで、ランダムな座標にかくしボタンをつけて、そのマスをふまないと脱出できないようなしかけを作ったね。

スタートがおされたとき
周囲をリセット
x方向の壁を作る
z方向の壁を作る　　　　　← 建物を作るプログラム
床と天井を作る
テレポート X: -10 Y: 0 Z: 7
ブロックを置く 空気 X: 0 Y: 0 Z: 7
ブロックを置く 空気 X: 0 Y: 1 Z: 7　　← 入口を作るプログラム
プレイヤーの座標をゲット
プレイヤーの X 座標 = 1 かつ プレイヤーの Z 座標 = 7 まで繰り返す
プレイヤーの座標をゲット
ブロックを置く 岩盤 X: 0 Y: 0 Z: 7
ブロックを置く 岩盤 X: 0 Y: 1 Z: 7
チャットする トラップにとじこめられた！
チャットする TNTをよけながら秘密のスイッチを探そう！
ボタンX に 1 から 13 までの乱数 をセット
ボタンZ に 1 から 13 までの乱数 をセット　　← プレイヤーがかくしボタンを見つけるまで、TNT を降らせ続けるプログラム
スイッチ に 'オフ' をセット
スイッチ = 'オン' まで繰り返す
TNTを降らせる
タイマーをリセット
タイマー ≧ 3 まで繰り返す
プレイヤーの座標をゲット
もし プレイヤーの X 座標 = ボタンX かつ プレイヤーの Z 座標 = ボタンZ なら
スイッチ に 'オン' をセット
チャットする カチッ！出口が開いた！
ブロックを置く 空気 X: 0 Y: 0 Z: 2
ブロックを置く 空気 X: 0 Y: 1 Z: 2　　← 出口を作るプログラム

140

▼関数「TNTを降らせる」のプログラム

```
関数 TNTを降らせる
randX ▼ に  1 から 13 までの乱数 をセット
randZ ▼ に  1 から 13 までの乱数 をセット
ブロックを置く TNT ▼ X: randX ▼ Y: 13 Z: randZ ▼
ブロックを置く レッドストーンブロック ▼ X: randX ▼ Y: 14 Z: randZ ▼
ブロックを置く 空気 ▼ X: randX ▼ Y: 14 Z: randZ ▼
```

▼壁や床、天井をつくるプログラム

```
関数 x方向の壁を作る
y ▼ に 0 をセット
15 回繰り返す
    x ▼ に 0 をセット
    15 回繰り返す
        ブロックを置く 岩盤 ▼ X: x ▼ Y: y ▼ Z: 0
        ブロックを置く 岩盤 ▼ X: x ▼ Y: y ▼ Z: 14
        x ▼ を 1 増やす
    y ▼ を 1 増やす
```

```
関数 z方向の壁を作る
y ▼ に 0 をセット
15 回繰り返す
    z ▼ に 0 をセット
    15 回繰り返す
        ブロックを置く 岩盤 ▼ X: 0 Y: y ▼ Z: z ▼
        ブロックを置く 岩盤 ▼ X: 14 Y: y ▼ Z: z ▼
        z ▼ を 1 増やす
    y ▼ を 1 増やす
```

```
関数 床と天井を作る
x ▼ に 0 をセット
15 回繰り返す
    z ▼ に 0 をセット
    15 回繰り返す
        ブロックを置く 岩盤 ▼ X: x ▼ Y: -1 Z: z ▼
        ブロックを置く 白色の色付きガラス ▼ X: x ▼ Y: 15 Z: z ▼
        z ▼ を 1 増やす
    x ▼ を 1 増やす
```

> コラム

ゲームをもっと面白くするには

本書をここまで進めてくれた人は、作ったプログラムをさらに自分でカスタマイズして、自分だけのゲームを作ることもきっとできてしまいます。さらにゲームを面白くしたいと思った時には、どうすればいいでしょうか。

自作ゲームを家族や友達に遊んでもらう

ゲームができたら、自分でテストプレイしたあと、家族や友達にゲームをプレイしてもらってください。家族や友達が、ゲームが難しすぎてクリアできなかったり、ゲームの進み方で気づいたことがあったりしたら、そこを調整してみて、プレイヤーに面白いと感じてもらえるようなゲームに少しずつ変えてみましょう。

他の面白いゲームを参考にする

他のゲームからアイデアをもらうことも大事です。例えば、Scratch というサイトには、世界中の人がプログラミングしたゲームがたくさん公開されています。ブラウザ上で動くのでマイクラッチとは少し違いますが、プログラムのアイデアをたくさん仕入れることができるはずです。

Scratch だけでなく、様々な会社から発売されているゲームにもたくさんのアイデアがあると思います。この場合、Scratch と違ってプログラムを見ることができないので、アイデアをプログラムにするところは自分で考える必要がありますね。

ゲームを作る上で大切なのは、
プレイする人の気持ちを考えて作っていくことです。
いろいろな人の意見を聞きながら、少しずつ変えていくことで、
とても面白いゲームをきっと完成させることができますよ。

Chapter 8
ダイヤモンドマイニングを作ろう！

動画もチェック!!

最後に作るゲームは
「ダイヤモンドマイニング」！
マイニングというのは、
鉱石を掘ることだね！
楽しい採掘だけど
中にはトラップもあるみたい!?

どうやって鉱石をほるのかな？
トラップをランダムにしかけるにはなにを使えばいいんだろう？

STEP 1 | ゲームしょうかい「ダイヤモンドマイニング」

動画で確認

Chapter8で作るのは「ダイヤモンドマイニング」というゲームだ！
まずは、どんなゲームを作るのかイメージをふくらませるために、ゲームの内容を見てみよう。

「ゲームしょうかい：ダイヤモンドマイニング」

ゲーム開始

ジャンプすると

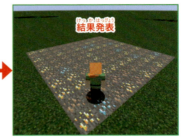
結果発表

掘りたい場所を決めてジャンプしたら、その下にあるブロックが発表されるんだね！ TNTを引いてしまったらアウト！ドキドキするゲームだね！

カスタマイズするのが楽しそう！

STEP 2 | 鉱石を生成する関数を作ろう

複数の石で鉱石をつくる

まずは地面にランダムに鉱石を生成するプログラムを作ろう。生成される鉱石は3種類として、6割の確率（10個のうち6個の割合）で鉄鉱石が、3割の確率で金鉱石が、1割の確率でダイヤ鉱石が生成されるような関数「鉱石を生成する」を実装しよう。

1 関数「鉱石を生成する」を作るよ。鉱石は床を作るプログラムのようにしたいので、変数 x と変数 z も用意して、床を作るプログラムを作っておこう。

2 置きたいのは石ではなくランダムな3種類の鉱石なので、ブロックを置く部分に乱数を使うことで置くブロックを変えていくよ。変数 rand を用意して、rand に 1 から 10 までの乱数をセットしよう。この rand の値に応じたブロックを置く命令が実行されるように、【もし～なら】を入れよう。条件の部分については、できれば自分で考えてみよう！

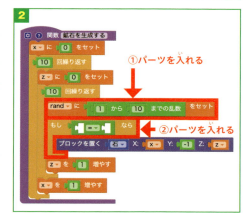

6割の確率で鉄鉱石、3割の確率で金鉱石、1割の確率でダイヤ鉱石が置かれてほしいんだったね！

3 まず、6割の確率で鉄鉱石を置くためには、どのような条件にすればいいかな。乱数は1～10の10種類が出るので、このうち6種類が出たときに鉄鉱石を置けばいいね。今回は1～6の6種類の数字が出たときには鉄鉱石が置かれるようにしよう。【もしrand≦6なら】とすれば、1、2、3、4、5、6の6種類が出たときに鉄鉱石が置かれるね！

4 金鉱石とダイヤ鉱石も置かれるようにしてみよう。金は3割の確率なので、7～9の3種類の数字が出たら置かれるようにしよう。ダイヤは1割なので、10が出たら置かれるようにすればいいね。

5 今のプログラムで実行すると、合計で100ブロックが置かれるので、何度か実行してみて、ブロックの数と確率がだいたい合っているかどうかを確かめてみよう。

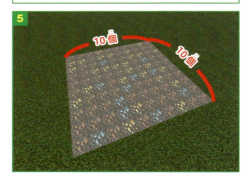

ポイント 鉄鉱石が一番多くて、ダイヤ鉱石が一番少なければ、だいたいプログラムはうまくいっていると考えてよさそうだね！

カスタマイズするときも思い通りにできているか確認しようね！

STEP 3 | ゲームを完成させよう

しかけをつくる

ここからプレイヤーがどこを掘るかを選んで、より価値のあるダイヤを掘ることができるかというゲームにしていきたいね。そのためには、このブロックを見えないようにすること、そしてプレイヤーが場所を選べるようにしたいね。

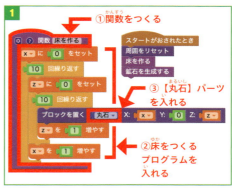

1. 鉱石を見えなくするために、この鉱石の上に丸石を置こう。このプログラムを、関数「床を作る」として作っておこう。

2. これを実行して、自分で石をこわしていくだけでもなかなか面白いゲームだけど、プレイヤーが手で掘るのではなく、あくまでもプログラムで結果を発表するようにしよう。例えば、掘りたい場所でジャンプすると、その場所のブロックを掘って発表してくれるというプログラムにしてみよう。

たくさん穴をあけたよ！

3. 【スタートがおされたとき】のプログラムを変えていこう。鉱石が生成し終わったら、中央にテレポートさせて指示をチャットしよう。

4 その下に【プレイヤーの座標をゲット】のパーツをつなげて、さらに【〜まで繰り返す】をつなごう。ここでは「プレイヤーがジャンプをするまで」という条件を作りたいね。そのためには条件に【プレイヤーのy座標＞1】を入れよう。

5 さらにその下で結果発表をしよう。【座標のブロックをゲット】とチャットを使って、選んだ場所にあるブロックをチャットするようなプログラムを作ろう。

6 例えばこのようなプログラムを作れば、その場所になんの鉱石があったのかを発表してくれるね。

7 これだけだと結果発表が味気ないので、まず足下の鉱石が見えるようにしたあと、他の丸石ブロックもすべて消して、全体的なブロックの配置結果が見られるようにしてみよう。

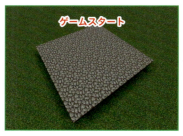

ゲームスタート

ジャンプすると穴があくよ

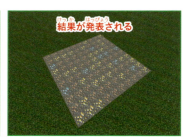

結果が発表される

148

8 全体の結果を見せるために、関数「床を消す」を作ってみよう。これも今までの復習だから、すぐにできてしまうね！床を作るプログラムを複製して、丸石の代わりに空気を置けばいいね。

9 新しく作った【床を消す】とチャットを組み合わせて、このように結果発表をしよう。チャットを表示するまでの時間も【1秒待つ】で調整することで、プレイヤーが楽しめるように工夫してみよう。

10 ここから自分なりにカスタマイズしていこう！ これがこの本で作る最後のゲームなので、自分でたくさんカスタマイズできるゲームになっているよ。この後のページでしょうかいするカスタマイズ例はもちろん、自分なりに面白くしていこう！

友達と対戦できるようにしたいなあ！鉱石の中にTNTを増やして、TNTを引いたら負けになるゲームとか、それぞれのブロックに点数をつけて、スコアで競うゲームとか、いろいろ作れそうだね！

たくさんカスタマイズしてみよう！

カスタマイズ例1

スコアをつけよう

ブロックをひとつ選んで終わりだと短いので、5回ブロックを選んで、どれだけいい鉱石を掘り出せたかをスコアにして比べられるようにしてみよう。

1. それぞれのブロックを掘り当てた時のスコアを考えるよ。例えば、一番多く出る鉄鉱石は100点、金鉱石は150点、ダイヤ鉱石は250点といった感じに、自分で考えてみよう。

2. 変数「スコア」を作って、プログラムのはじめに【スコアに0をセット】をいれておこう。

3. 自分で考えた点数通りにスコアを増やしていこう。ブロックを掘った直後に、関数「スコアを計算する」が実行されるようにプログラミングしよう。

4. 関数「スコアを計算する」には、【ゲットしたブロック名】に応じて、スコアが足されるようなプログラムを作っておこう。

5 ブロックを掘るのを、1回だけではなく5回くらいにしたいので、【スタートがおされたとき】のプログラムの適切な部分を【5回繰り返す】で囲もう。繰り返しの中に【スコアに0をセット】があるとうまくスコアがカウントできなさそうだね。また、【床を消す】を実行してしまうと答えがバレてしまうよね。どこを囲めばいいかな。まずは自分で考えてみよう！

6 例えば、このように【5回繰り返す】で囲めばどうかな。【スコアに0をセット】と【床を消す】は繰り返しの外に出して、それ以外を囲んでみたよ。人によっては、毎回中央にテレポートするのがいやだと思うかもしれないね。その場合には、テレポートのパーツも繰り返しの外に出してしまえばいいね。

7 最後の結果発表のときに、スコアも一緒に発表しよう。【'ハロー'と'ワールド'】を2つ組み合わせると、3フレーズ以上のチャットもできるので、【あなたのスコアは（スコア）点でした！】とチャットさせよう。

ポイント 家族や友達とスコアを競いあうと楽しいね！

スコアがマイナスになるブロックも入れてみようかな！

8 ダイヤモンドマイニングを作ろう！

151

カスタマイズ例2

TNT サバイバルを作ろう

続いて、二人以上で遊べるルールにカスタマイズしてみよう。好きな場所を選んでいって、TNT が出たらアウトというルールの「TNT サバイバル」を作るよ。

1 Step3 までのプログラムを用意しよう。

2 変数「スイッチ」を作成し、ステージを生成したあとに【スイッチに'オフ'をセット】を入れよう。'オフ'は【演算】の中の【'ハロー'】を入れて、'オフ'に書きかえよう。その下に【スイッチ='オン'まで繰り返す】を入れて、繰り返しの中に、その下から【床を消す】の直前までのパーツをすべて入れよう。

3 掘り出すブロックの中に TNT を混ぜたいので、【鉱石を生成する】のプログラムを TNT が1割の確率で置かれるように変更しよう。例えば、鉄鉱石が出る確率を1割減らして、TNT が出る確率を増やしてみよう。

← パーツを入れる

TNT の出る確率が1割となるように条件を入れる

152

4 【鉱石を生成する】だけを実行して、TNTが思い通りに置かれるか確認しておこう。

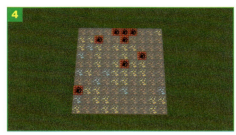

5 掘ったブロックがTNTでなければ「セーフ」とチャットして、TNTだった場合には「ギャー！TNTだ！爆発するぞ！」とチャットするようにしよう。【もしゲットしたブロック＝TNTなら】をプログラムの適切な場所に入れよう。TNTを引いた場合にはプログラムを終えたいので、【スイッチに'オン'をセット】も入れておこう。

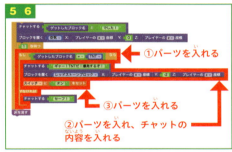

6 ドキドキ加減を増やすために、TNTを掘り当ててしまったら爆発するようにしてみよう。**自然に着火するには、TNTの真下にレッドストーンブロックを置けばいいね。**

7 実行してうまくいくか確かめてみよう。TNTが掘り出されると全体の結果も表示され、爆発しつつプログラムが終わるね。

8 ダイヤモンドマイニングを作ろう！

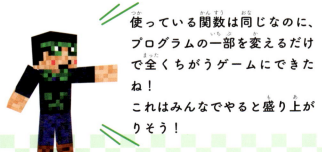

使っている関数は同じなのに、プログラムの一部を変えるだけで全くちがうゲームにできたね！
これはみんなでやると盛り上がりそう！

たまにTNTが連続で爆発していくのがおもしろーい！

153

Chapter8 のまとめ

▼ダイヤモンドマイニングプログラム

二重ループを使って鉱石を作ったり、プレイヤーの座標をゲットしながら、ゲームにしかけを作ったりしたね。

```
スタートがおされたとき
周囲をリセット
床を作る
鉱石を生成する
テレポート X: 5 Y: 1 Z: 5
チャットする 'ダイヤを掘り当てろ!掘りたい場所でジャンプしてね!'
プレイヤーの座標をゲット
  プレイヤーの [y▼] 座標 [>▼] 1  まで繰り返す
    プレイヤーの座標をゲット
チャットする 'ここにあるブロックは…'
X: プレイヤーの [x▼] 座標 Y: -1 Z: プレイヤーの [z▼] 座標 のブロックをゲット
1 秒待つ
チャットする 'ゲットしたブロック名' と 'でした!'
ブロックを置く [空気▼] X: プレイヤーの [x▼] 座標 Y: 0 Z: プレイヤーの [z▼] 座標
1 秒待つ
床を消す
チャットする '全体の結果はこんな感じでした!'
```

← ジャンプすると発掘した鉱石を発表するプログラム

▼床をつくるプログラム

```
⚙ ? 関数 床を作る
  [x▼] に 0 をセット
    10 回繰り返す
      [z▼] に 0 をセット
        10 回繰り返す
          ブロックを置く [丸石▼] X: [x▼] Y: 0 Z: [z▼]
          [z▼] を 1 増やす
      [x▼] を 1 増やす
```

▼鉱石を生成するプログラム

```
⚙ ❓ 関数 鉱石を生成する
x▼ に 0 をセット
10 回繰り返す
  z▼ に 0 をセット
  10 回繰り返す
    rand▼ に 1 から 10 までの乱数 をセット
    もし rand▼ ≤▼ 6 なら
      ブロックを置く 鉄鉱石▼ X: x▼ Y: -1 Z: z▼
    もし rand▼ ≥▼ 7 かつ rand▼ ≤▼ 9 なら
      ブロックを置く 金鉱石▼ X: x▼ Y: -1 Z: z▼
    もし rand▼ =▼ 10 なら
      ブロックを置く ダイヤ鉱石▼ X: x▼ Y: -1 Z: z▼
    z▼ を 1 増やす
  x▼ を 1 増やす
```

鉱石をランダムで決めて
置くプログラム

▼床を消すプログラム

```
⚙ ❓ 関数 床を消す
x▼ に 0 をセット
10 回繰り返す
  z▼ に 0 をセット
  10 回繰り返す
    ブロックを置く 空気▼ X: x▼ Y: 0 Z: z▼
    z▼ を 1 増やす
  x▼ を 1 増やす
```

8

ダイヤモンドマイニングを作ろう！

155

さらにチャレンジしてみよう！

この本で解説をしているプログラム以外にも、アイデア次第で様々な建物やゲームをプログラミングすることができるよ。少しだけ例を紹介するので、おもしろそうなものがあったらプログラミングにチャレンジしてみよう！

◆おしゃれな電灯
ビーコンとフェンスを使っておしゃれな電灯を作ろう。くりかえしを使って、同時にたくさん置けるようにしているよ。これでかんたんにあたりを明るくできるね。

◆まちがいさがしゲーム
左右で1箇所だけブロックが変わる、まちがいさがしのゲームを作ってみよう。乱数を使ってブロックをランダムに2箇所に置いて、最後に1箇所だけ左右違うブロックを置けばできそうだね。チャレンジしてみよう。

◆空に浮かぶ家
階段、壁、床、天井をそれぞれプログラミングして、空飛ぶ家を作ってみよう。この家に入ると閉じ込められて、なにかゲームがはじまるようにしてもいいね。

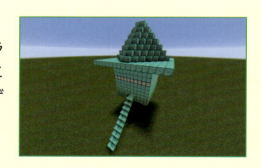

◆一筆書きパズル

ステージにあるブロックをすべて1回だけ踏んでゴールするゲームを作ってみよう。ダイヤブロックの上を通るとレッドストーンブロックに変わり、もう一度踏むと溶岩になってしまう。全部レッドストーンブロックになっていないままゴールすると、ステージがリセットされてやりなおしになるよ。
スタートは2箇所にして、ステージのブロック数が偶数になるようにすると、必ず一筆書きでゴールできるようになるよ。

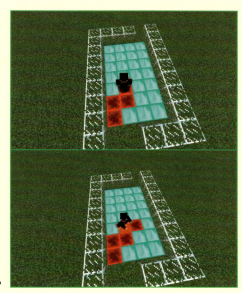

◆だるまさんがころんだ

クリーパー風の敵が「だ・る・ま・さ・ん・が・こ・ろ・ん・だ」と言って後ろを向いている間に、空中に浮いた足場をたどってクリーパーまで近づくゲーム。クリーパーが振り向いているときに動くと足場がすべて消されて溶岩に落ちてしまうよ！
言葉を言う間隔は「0.1から1までの乱数」のようにするといいよ。写真のプログラムでは、足場はプレイヤーの座標の周りにランダムに10個ずつくらい出てくるよ。こうすることによって、すぐにクリアされてしまうことを防いでいるんだ。

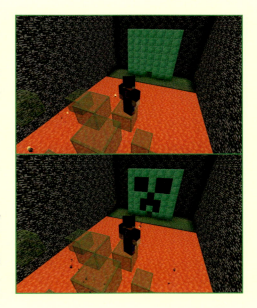

おわりに

これからの未来をつくっていくみんなへ

この本では、みんなにマインクラフトを使ったプログラミングをしてもらいました。どうでしたか？　プログラミングは楽しかったですか？

うまくいかなかったり、むずかしいところもあったと思うけれど、「楽しい！」「もっとやってみたい！」と思ってくれたらいいなと思っています。

この本で学んでくれたみんなには、こんな力が身についているはずです。例えば「筋道を立てて考える力（論理的思考力）」「問題を見つけて解決する力（問題発見・解決能力）」「アイデアから新しいものをつくりだす力（創造力）」です。みんなが苦労してプログラムを作ったぶん、「ねばりづよさ」や「あきらめない力」もついているかも！　そしてなにより、「自分でできた！」という自信がちょっとでもついてくれていればうれしいです。

みんなが大人になって働き始める頃には、今存在している職業がどんどん減って、ITを使ったまったく新しい職業がたくさん増えると言われています。今も日本中・世界中の人たちがプログラミングを学び、世界で必要とされるアプリやソフトをつくって、私たちの生活を便利・安全・文化的にしてくれています。

プログラミングは、世の中の仕組みを変えることができる魔法のツールです。それをつくりだすことができるはじめの一歩を、みんなはもうふみだしているというわけです！　今までなかったものをつくりだすことって、ワクワクしませんか！

　たとえプログラムをつくる人にならなくても、この本を通してみんなが手に入れた力は、これからの未来で必ず役に立ちます。みんながどんな未来を作っていくのか、とても楽しみにしています。

水島滉大

D-SCHOOL 水島 滉大 みずしま こうだい

D-SCHOOLエンジニア。静岡県立大学経営情報学部卒業。高校教諭第一種免許状（商業・情報）を所持し、高校の非常勤講師として教壇に立つ。大学ではプログラミングやマルチメディアを学び、学生時代よりエンジニアとしてD-SCHOOLをサポート。
マインクラフトがまだベータ版だった2010年頃からプレイしている日本屈指のマイクラユーザーで、通称：マイクラキング。マインクラフトユーザー、エデュケーショナル・デザイン（株）の現役エンジニア、そして教育者の3方向から子供たちが楽しく学べるコンテンツを開発中。この本の執筆も担当。

D-SCHOOLとは？

エデュケーショナル・デザイン株式会社が運営する、最先端をゆく小・中学生向けのプログラミングスクール。他のプログラミングスクールとは一線を画し、英語とプログラミングが学べる新感覚のオンライン学習コースや、映像教材を中心にエンタメ性の高い学習カリキュラムで好評を得ている。直近では、欧米で学習教材として評価の高いマインクラフトを、Scratchで学べる独自のコースを開発。圧倒的な楽しさを強みとする。

自分で作ってみんなで遊べる！
プログラミング
マインクラフトでゲームを作ろう！

2019年 7 月29日　初版発行
2024年10月 5 日　3 版発行

著者／D-SCHOOL 水島滉大

発行者／山下直久

発行／株式会社KADOKAWA
〒102-8177　東京都千代田区富士見2-13-3
電話 0570-002-301（ナビダイヤル）

印刷所／大日本印刷株式会社

本書の無断複製（コピー、スキャン、デジタル化等）並びに無断複製物の譲渡及び配信は、著作権法上での例外を除き禁じられています。また、本書を代行業者などの第三者に依頼して複製する行為は、たとえ個人や家庭内での利用であっても一切認められておりません。

●お問い合わせ
https://www.kadokawa.co.jp/（「お問い合わせ」へお進みください）
※内容によっては、お答えできない場合があります。
※サポートは日本国内のみとさせていただきます。
※ Japanese text only

定価はカバーに表示してあります。
©EDUCATIONAL DESIGN.Co., Ltd 2019 Printed in Japan
ISBN 978-4-04-604157-9 C3055